台灣賞鷹圖鑑

賞鷹景點20選‧賞鷹圖鑑31種

蕭慶亮◎著

晨星出版

守望台灣猛禽的天空

古今中外，人們對於翱翔藍天之際的鷹雕，總有一份崇敬與嚮往，牠代表著自由、力量與勇氣。莊子逍遙遊：「有鳥焉，其名爲鵬，背若太山，翼若垂天之雲，搏扶搖而上者九萬里，絕雲氣，負青天，然後圖南，且適南冥也。」文中之大鵬即傳說中的猛禽。南美印加文化中亦有一隻大神鷹，翼展寬達三公尺，終年隱居山林，每年出翔一次，天幕爲之半遮，萬物爲之靜穆，印加人歌詠神鷹的唱曲經西洋編曲成爲著名的「老鷹之歌」。

台灣對於本土猛禽的資料及報告不多，很多鷹種的生活史及生態行爲亦不詳盡，近年雖然觀察者及觀察記錄漸多，也有台灣猛禽研究會的同好組織，唯仍未見有關台灣本土猛禽之專書問世。蕭慶亮老師以他廿年的觀察經驗及中外文獻的收集匯整，心血結晶般地爲「台灣日行性猛禽」立傳，深入淺出的說明必能爲國內自然觀察者及猛禽研究者搭起鷹鵬之橋，而多位自然攝影家作品，更是張張精彩，生態特徵明顯，爲本書增色不少。蕭君對我是亦師亦友的情誼。當年他與熱愛生命的中興大學同學們共創自然生態保育社。每當秋風初起，宿舍的老亮便忙不連迭地丟掉手中的吉他，仿若南遷的鷹鷲，直奔墾丁，只爲探望南飛中的老友們，爲他們留下來訪的觀察記錄，他那迫不及待的模樣，令人感受到他與鷹的心靈交會。在他任職台中鳥會總幹事期間亦不吝指導提攜後進，而對猛禽調查研究的投入，則是「廿年走來，始終如一」。

蕭君對鷹的癡狂正是「台灣日行性猛禽」能付梓的最大動力，也希望這本書能爲社會大眾打開對自然渴望的窗，引領對本土生態環境的關愛，讓大自然莊嚴的生命永續，能與子孫共享相伴，並衷心祝福這隻絕唱多年的孤鵬，藉由本書覓得更多的知音共同奮鬥、共同守望台灣猛禽的天空！

黃光瀛 1999/7/20於陽明山

Kuang-Ying Huang

Yangmingshan National Park

1-20,CHUTZEHU RD. YANGMINGSHAN,

TAPEI,TAIWAN,R.O.C.

彬彬君子、猛禽專家

台灣賞鷹圖鑑

　　蕭慶亮兄就是鳥類攝影同好間稱呼的阿亮；人如其名，阿亮的個性相當隨和且平易近人。在認識他之前就為他的作品所折服，初次相見更被他為人師表的涵養與文質彬彬的氣質所吸引，很難相信這樣一位溫文的老師竟能和自然界食物鏈最高層的猛禽連上關係。曾貿然請他為拙作《魚鷹之戀》為之序，他爽快答應為我文章增色，如今投桃報李，卻唯恐班門弄斧。

　　多年來阿亮兄除了致力於野鳥的攝影創作，並在台灣鳥類攝影界佔有一席之地；此外，他也經常投入各項田野調查。曾經因為某些因緣際會使他特別對鷲鷹科和鴟鴞科的鳥類情有獨鍾。他潛心觀察和鑽研各種的猛禽的習性並吸收國內外各項新知，於報章雜誌和各種自然期刊及會訊多有發表，成為台灣地區猛禽知識的權威和探索的窗口，我亦向他請益甚多。過去他為嘉惠鳥友將多年野外觀察的心得集結成猛禽的辨識卡片及折頁，無私的供應各縣市鳥會運用，這些工具，使得鳥友和研究人員對空中飛行的猛禽才有了得力的鑑識依據。

　　猛禽雖然凶悍，習性卻極為機警，而且對人類保持戒心，因此相當難以接近，想要觀察和研究牠們需要更大的恆心與毅力，故台灣多年來有關猛禽的著作及論述相較於其他鳥種實在不多。在台灣所有猛禽都被列為保育類物種的同時，欠缺輔佐資料，實為研究、教育、執法、推廣等方面的憾事。如今阿亮兄將經年心血集結成冊，將台灣地區日行性猛禽的種類、型態、分類、分布，以及習性等知識言簡易賅、翔實陳述；並憑其聲望號召國內野鳥攝影者之作品傾囊而出，令書中蒐羅圖片均為近年猛禽圖像創作一時之選，為本書增添實用與欣賞價值，對於少數不易取得照片的種類，另委請野鳥繪畫專家粘國隆先生以精美逼真的插畫補齊不足，使得本書不啻為台灣地區最詳盡的日行性猛禽參考書與圖鑑，亦為台灣在日行性猛禽的研究創作領域上立下一個里程碑。

周大慶

開啓猛禽的知識寶庫

台灣賞鷹圖鑑

在鳥類的世界中，猛禽是屬於食物鏈頂端的鳥種，兇猛銳利的眼神、敏捷矯健的身手和沉穩孤傲的個性讓許多賞鳥人沉迷不已。八卦山的萬人賞鷹、墾丁的各地鳥會大會師，在在說明賞鷹是多麼令人嚮往。

近年來研究與觀察猛禽的風氣漸開，前後有台北、新竹及高雄成立猛禽研究小組，以讀書會及實地觀察的方式來了解猛禽的生態，也因此原本觀察到僅27種日行性猛禽的紀錄也增加到31種，在繁殖紀錄方面，近年來更觀察到遊隼、鵟、蜂鷹甚至魚鷹的紀錄，使得留鳥的紀錄增爲十種。

晨星出版有限公司向來以出版生態書籍聞名，大力支持國內的生態學習活動，有感於市面上猛禽專業書籍的缺乏，而促成本書的出版，讓每個希望獲得猛禽知識的人都能有所收穫。

本書的出版要感謝提供幻燈片的鳥界先進，有台北的黃光瀛、梁皆得，新竹的姜博仁，台中的林英典、陳西川、周大慶，集集的艾台霖，彰化的粘國隆，嘉義的翁榮炫，台南的郭東輝、陳加盛、范兆雄，高雄的王健得、蘇貴福、陳俊強，江紋綺小姐幫忙整理幻燈片，另外也要感謝在研究台灣猛禽上的尖兵——黃光瀛、江明亮、沈振中、林文宏、姜博仁、姚正得、蔡乙榮、梁皆得、李璟泓、彰化鳥會、彰師大生態保育社、興大自然生態保育社、台北猛禽研究小組、高雄猛禽研究小組，以及全省眾多喜好猛禽的鳥友付出精神及時間在研究上孜孜不倦。

感謝親愛的內人紋綺所作的一切協助。

希望本書能開啓猛禽知識的寶庫，帶動賞鷹的另一高潮，更促成猛禽保育的力量！

蕭慶亮 2001/4/22於鳳頭蒼鷹工作室

CONTENT

認識日行性猛禽

Eagle

日行性猛禽概論

◇概說

「老鷹捉小雞」是小朋友喜歡玩的遊戲，老鷹也是民國六十年以前台灣鄉間常看到的鳥，那時河川水質清澈見底，老鷹就在河川附近盤旋覓食。鄉下農家也常上演「老鷹捉小雞」、「母雞保衛小雞」的戲碼。所以，一般人總覺得老鷹是兇猛而殘忍的鳥類，有些父母更是用老鷹來嚇唬不乖的小孩。

連橫先生所著的《台灣通史・衡虞誌》上提到「鷹」的描寫為「每年清明，有鷹成群，自南而北，至大甲溪畔鐵砧山，聚哭極哀，彰人稱為南路鷹。」這一段話，是台灣最早對灰面鵟鷹遷移的描述了。至今，觀看灰面鵟鷹的驚人遷移景觀已是鳥人的春秋盛事了。

在鳥類的世界中，猛禽是屬於食物鏈頂端的鳥種，兇猛的眼神、銳利的嘴爪、高強的飛行能力都是屬於猛禽所特有。一般所講的猛禽，包含日行性猛禽與夜行性猛禽。日行性猛禽即是指隼形目——俗稱老鷹，而夜行性猛禽則是指鴟鴞目——俗稱貓頭鷹。兩者皆因捕獵小動物，而被稱為「猛禽」。

日行性猛禽顧名思義是以日間活動為主。太陽下山之時，則隱身休息，待翌日天亮，為了生存、再展開一天之活動。由於作息時間與人類一樣，加上其「空中之王」的傲人英姿，每每得到人們最讚嘆的眼神了！

雖然有些猛禽至今仍普遍被發現，但實際上數量卻逐年遞減。獵捕及棲地破壞是造成它們數量減少的最大元兇，早期的殺蟲劑及滅鼠藥的使用雖然已減緩，但至今壓力絲毫未減。稀有的赫式角鷹及林鵰數量岌岌可危，老鷹的族群一再受到人類無情的迫害，正在邁入二十一世紀的同時，人類是否應當深省如何與大自然共存呢？

◇猛禽用語解釋

身長（L）：由嘴前端到尾末端間的距離，以公分表示。一般猛禽雌大於雄，但是同種不同個體的變異又較大，因此會產生雌雄

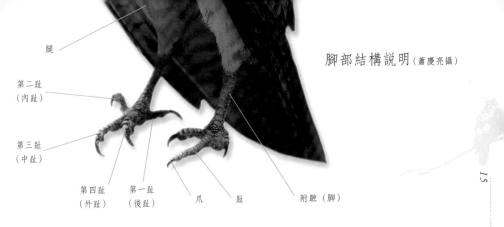

脚部結構説明 <small>(蕭慶亮攝)</small>

腿

第二趾
（內趾）

第三趾
（中趾）

第四趾　　第一趾
（外趾）　　（後趾）　　爪　　趾　　附蹠（腳）

身長大小重複地帶，所以我們以雄XX～雌YY公分（♂XX～♀YY）表示，XX代表最小值，YY代表最大值。

翼展（W）：將猛禽雙翼展開至最大，雙翼末端間的距離。可供猛禽大小之參考。

翼型：猛禽翼展開至最大後的形狀，一般為盤旋時的形狀。

圓突：次級飛羽後緣所形成的的弧度

指狀分叉：因初級飛羽的內外瓣缺刻所形成　　遠看如手指般一樣的分叉。

顏盤：頭部顏面扁平而稍內凹，一般有明顯邊緣斑紋，有集音功能，常見於澤鵟屬、鴟鴞目。

齒突：上嘴邊緣突出的部份，具有咬碎骨頭之功能，見於隼科。

庇突起：眼睛上方突起之構造，具有遮蔽太陽之功能。

喉中線（喉央線）：棲息於山區的猛禽，往往喉部中央的有一道縱紋。

顎線：嘴角延伸平行於頸子的線斑。

肉球突起：猛禽趾底之突

頭部構造解説 <small>(黃光瀛攝)</small>

庇突起　　虹膜

嘴角　　眼先　　瞳孔　　頭頂

蠟膜　　　　　　　　耳羽

鼻孔島狀突起　　額　　　　　　後頭

鼻孔

嘴峰

上嘴

嘴緣突起
（齒突）

嘴緣

下嘴

腮

喉

頸

身體部位解説（林英典攝）

肩羽

上背

眼先

胸

初列覆羽

初列小覆羽

脇

次列中覆羽

胸

小翼羽

附蹠羽

脛毛

次列大覆羽

次級飛羽

三級飛羽

初級飛羽

尾

尾下覆羽

初列大覆羽

起，具有夾緊獵物之功能。

棘狀突起：魚鷹腳趾特化如針刺般的的突起，可以防止滑溜的魚滑掉。

雛鳥：孵化後離巢前的鳥。

幼鳥：孵化後已離巢在第一次換羽前的鳥。

亞成鳥：經過第一次換羽，接近成鳥階段的鳥，但尚未有繁殖能力。

模擬攻擊：雄鳥對雌鳥作出類似攻擊的求偶動作。

展示飛行：雄鳥對雌鳥求偶的特殊空中飛行動作。

波浪狀飛行：猛禽求偶時，於空中收縮雙翼俯衝，再張開雙翼爬升的連續行為。

龍捲風式飛行：又稱鷹柱，遷移性猛禽大量集結於空中順時針或逆時針成柱狀排列盤旋，具有集結同伴作用。

縱隊飛行：指灰面鵟鷹及蜂鷹於龍捲風式飛行之後，排成長條型隊伍飛行，亦是立體的，有上有下。

定點飛行：指猛禽鼓翼張尾或在強風中收縮翼尾，停於空中的一點，向下搜尋獵物。常見於小型隼科、鵟屬及魚鷹。

滑翔：雙翼略縮不鼓翼前

翼下覆羽

翼羽上緣

翼羽上緣

翼下覆羽

初級飛羽外緣（前緣）

尾羽

翼羽後緣（下緣）

進。

盤旋：雙翼張開不動，利用上升氣流動力，螺旋狀或圓形飛行。

俯衝：收縮雙翼，朝下迅速下降。

索食：雛鳥或幼鳥振動雙翼或發出叫聲向親鳥要求供應食物的行為。

處理獵物：雄鳥將獵物攜回前先在一處將獵物拔毛或斷頭，以方便雌鳥餵食。

食物交接：雄鳥帶回獵物時，有些種類不進巢中，而是先鳴叫，雌鳥聞聲之後會出來在巢不遠處樹枝或空中以嘴或腳傳遞食物再由雌鳥攜回巢中。

離巢：幼鳥具備飛行能力，飛離巢中移棲於附近，但仍需接受親鳥食物。

自立：幼鳥可以自己獵食，獨立生活。

◇日行性猛禽的特徵

為了捕食獵物，經過了長時間的演化之後，其外型產生了一些變異，無不與獵食有關（弱小的鳥則演化成跟逃避獵食有關）。

・腳爪演化成彎曲而銳利，腳趾更強壯有力，便於攫取小動物。

・嘴演化成鉤狀，便於撕裂肉塊。

・體型增大，骨骼肌肉更為強健，以捕獲更大的獵物。

・消化能力增加，分泌更強的胃酸以迅速消化食物。

· 視力更是極為敏銳，便於尋找小動物之蹤
跡。

· 眼睛長在同一平面上，使兩眼視覺立體
化。

· 飛行速度或時間增加，身手靈巧，便於追
擊或尋覓獵物。

從其身上的各項特徵，不難發現皆與捕
捉獵物有非常密切的關係。

隼科上嘴有齒突，鼻孔較圓，
中間有島狀突起，眼睛較暗色。
（黃光瀛攝）

台灣現有正式記錄的日行性猛禽共有28
種，計鶚科1種，鷲鷹科22種，隼科5種；蘭嶼紀錄增加有鷲鷹科1
種，隼科1種。

嘴的構造

猛禽為了撕裂獵物而演化成角質堅硬的鉤狀上嘴，邊緣也十分
銳利，產生了像刀子切肉的效果。上嘴的基部，有肉質的蠟膜覆
蓋，一般種類蠟膜以黃色居多。對於比較大的獵物，猛禽常以腳
抓住，然後用嘴慢慢撕裂吞食。而對於比較小的獵物，猛禽常一

日行性猛禽概論

白肩鵰的嘴部巨大銳利，可以撕裂大動物的皮肉。（蕭慶亮攝）

台灣賞鷹圖鑑

口吞下。隼科及少數鷲鷹科的種類如鳶、蜂鷹，其上嘴有突起，稱為「齒突」，能夠幫助牠們咬斷小動物的骨頭或是切斷肌肉韌帶。

鼻孔位於在蠟膜中央，一般為圓形或橢圓形，有的較細長（如白肩雕）。隼科的鼻孔呈圓形，鼻孔中央有一突起稱為「島狀突起」，可以在俯衝或高速飛行時分散氣流、調節氣壓，以免氣流直接灌入氣管中。鶚的鼻孔較細長，可以在潛入水中時緊閉，以防止水的進入。一般的猛禽嗅覺甚差，但美洲鷲科（CATHARTIDAE）中有些種類如火雞禿鷲（Cathartes aura）鼻孔較大，擁有敏銳的嗅覺細胞，因此嗅覺能力超強，可以在空中聞到動物屍體的味道。

為了捕獵不同的獵物，猛禽的嘴型雖然都是鉤狀，但是長短也有不同。體型較大的熊鷹或大冠鷲，嘴型較粗大，可以咬住較大的獵物，撕咬較堅韌的肌肉。體型較小的鷹屬（Accipiter），其嘴峰較短，可增加咬合力道，迅速殺死獵物，主要以小鳥及其他小型動物為食。而蜂鷹嘴稍細長，方便從蜂巢中取食蜂的蛹或幼蟲。禿鷲的上嘴粗厚，可以撕裂牛羊等巨大動物的肉塊。在中南美洲有一以蝸牛維生的猛禽蝸牛鳶（Rostrhamus sociabilis），其嘴則特化成細鉤狀，可將蝸牛肉挖出吞食。與其他鳥類比較起來，猛禽的嘴形變化並不多。

眼睛的構造

日行性猛禽為了尋找獵物，使視力更加敏銳，眼球有了下列的特化：

「庇突起」構造：鷲鷹科眼球上方眼框的隆起稱之，具有遮蔽陽光之作用。但鶚科

鳳頭蒼鷹眼神十分銳利，庇突起明顯，上嘴略有突起。（姜博仁攝）

缺少此一構造，而其眼上方羽毛也具有此一效用。隼科的不甚明顯。

網膜視覺細胞密度增加：以鵟爲例，1平方釐米有100萬個細胞左右，約爲人類的八倍，即解析度爲人類的八倍。如同電腦螢幕的解析度，越大則可見的字體越小。曾有科學家實驗以幻燈機打出黑白條紋給鵟屬猛禽辨識，如答對則給於獎勵，發現其對條紋的判斷力是人類的2.5倍。生態研究者也發現紅隼可以見到人類所看不到的紅外光，可以看到鼠類糞便的反光而判斷鼠類活動頻繁的區域。另外接續視覺細胞的神經系統也十分發達。

眼球加大：可以增加光線的進入，提高亮度，以便看清楚較暗的地方。這如同望遠鏡的鏡頭口徑越大，我們看到的景物越亮。另外也可增加水晶體及視網膜的距離，形成望遠的效果，如同望遠鏡，鏡筒越長，其焦距越大，放大的比例就越大。

內側形成兩個窩狀：分爲鼻側窩及耳側窩，外側的窩與兩眼同視有關，正確機能尚未十分清楚，可能可以使猛禽的視野形成雙

大冠鷲瞬膜具有保護眼睛的作用。（蕭慶亮攝）

焦距，四周爲廣角，中間爲望遠，以便盡力搜尋獵物又可以注意四周景物狀況。

眼球內梳狀突起加大：梳狀突起內血管組織密佈，與

大冠鷲頭頂有冠羽，眼先黃色長有剛毛，庇突起較小。（蕭慶亮攝）

眼球的養分運送有關。加大可以使運送養分進來，排除代謝廢物的效率更佳。

眼睛周圍呈現暗羽色：可以吸收眼睛周圍的反射光，避免產生炫光。當陽光十分強烈時，這對在烈日下以眼睛爲主要搜尋獵物工具的空曠地活動猛禽相當重要。如隼科，一般眼睛下羽色較黑。

澤鵟類與眾不同的是聽覺發達。（郭東輝攝）

一般猛禽成鳥的虹膜爲黃色，幼鳥較淡褐色，但隼科虹膜爲暗色。但也有雌雄虹膜不一樣的，如蜂鷹、日本松雀鷹。虹膜的顏色是否關係著所見光線的波長範圍不一樣，則有待學者進一步研究。

兩眼長在同一平面上，使雙眼的視覺區域重疊，產生立體感。

耳的構造

鳥類的耳穴位於眼睛後方，大部分的日行性猛禽聽覺與其他鳥相差無多，因牠們並非靠聽覺尋找獵物的所在，一般也非以聲音跟同伴互通訊息（大

台灣賞鷹圖鑑

冠鷲例外）。但是澤鵟屬跟一般猛禽不一樣，牠們具有跟鴟鴞目猛禽一樣的顏盤（臉盤），有集中聲音的作用。耳穴也比其他猛禽大，且非左右對稱，可以正確判斷聲音來源位置。從耳穴到嘴部有裸出部份，上面僅覆蓋短剛毛，更可以收集更清楚的聲音。因此認為其覓食時，可能會利用聽覺來輔助判斷獵物位置。

翼的構造

日行性猛禽為了快速飛行追擊獵物，或長時間盤旋覓食，或穿梭於林間，各演化出不同形狀的翼型構造。台灣的日行性猛禽翼型，可分為：

短圓型──適於迅速鼓翼飛行，追擊林間的獵物。

寬　型──適於山區森林或空曠地環境，可長時間盤旋。

狹長型──適於生活於強風的海邊或空曠環境。

稍尖型──主要指赤腹鷹及灰面鵟鷹，棲息於疏林帶，適於長距離遷移飛行。

寬長型──主要為棲息於平原或空曠山區的猛禽，但分布於原始闊葉林的林鵰也是此型，可以在空中持久盤旋飛行。

尖型──可在空中迅速鼓翼飛行，以隼科為主。

鷲鷹科的猛禽其初級飛羽的前端較後端為細，產生明顯的內凹「缺刻」，大約第六至九枚飛羽內外邊緣皆有缺刻，而第十枚飛羽由於更狹窄僅有內緣缺刻。所以當猛禽的翼展開時，末端看起來向手指狀一樣，稱為「指狀分叉」，可以增加飛行的穩定性。一般而言，鷲鷹科及鴉科的大形猛禽初級飛羽分叉較為明顯，隼科猛禽的初級飛羽則無明顯的指狀分叉，而整個翼看起來較尖。這種分叉的初級飛羽數目也可以幫助我們判斷猛禽的種類。如海鵰屬及赫氏角鷹有7枚，禿鷲有8枚，鴉、灰面鵟鷹、鵟、澤鵟屬及台灣松雀鷹、日本松雀鷹等有5枚，赤腹鷹有4枚、大冠鷲及北雀鷹有6枚。一般的日行性猛禽有10到11枚初級飛羽，小型的鷹屬10枚，但其他猛禽的第11枚只是一痕跡的構造而已，隱藏在大覆羽之下。

次級飛羽的枚數與尺骨的長短有很大的關係，因為初級飛羽是

日本松雀鷹的尾羽較長，在飛行時具有轉彎、減速、平衡的功用。（黃光瀛攝）

附著於前肢的掌骨及第二指骨之上，而次級飛羽則附著於尺骨上，最內側靠近身體3枚次級飛羽也有人稱為「三級飛羽」。如果將次級飛羽加上三級飛羽一起算的話，鵟共有13枚，鵰20枚，禿鷲則有25枚之多。

尾的構造

日行性猛禽的尾型與其他鳥類大致相似，有楔尾、角尾、圓尾、魚尾、燕尾之不同。鳥類的尾羽在飛行中扮演著平衡、轉向及減速的功能。而一般尾的長短與其捕捉的獵物靈活性有較大的相關。如捕捉小鳥類或小囓齒類動物的猛禽，如鷹屬，其尾較長，可以靈活的急轉彎，以捕捉靈活的獵物。如鷹屬及澤鵟屬等。以爬蟲、兩生類、魚或不是很靈活的動物為主食的猛禽，其尾較短，如大冠鷲、鵰屬、鵟等。地面活動的猛禽其尾羽也往往較短，以免在攻擊獵物時妨礙其身體的轉向。

大部分的猛禽於飛行時是將尾羽閉合的，但剛學飛不久的幼鳥及少數種類——台灣松雀鷹及赫氏角鷹，則常將尾羽張開飛行。

幼鳥打開尾羽的目的是為了保持平衡。紅隼及鵟在微風的狀態下定點則常將尾羽張開以保持定點的平衡。

腳的構造

腳是猛禽捕捉獵物的重要器官，因有反鉤的鋸齒狀韌帶，可以緊緊的控制關節部位，因

鵰屬（白肩鵰）的跗蹠密生羽毛，腳爪十分強壯銳利。（蕭慶亮攝）

此十分強壯有力，握力更是驚人。腳趾上的爪大部分的種類都十分彎曲銳利，能夠抓起獵物，只有食腐肉的禿鷲較鈍，而無抓力。其跗蹠部份有一層角質鱗狀的膜覆蓋著，鱗狀膜的形狀因種類而有差異，有的是像網目一樣稱為網狀鱗，有像蛇腹狀一樣稱為蛇腹狀鱗。而赫氏角鷹、鵰屬（Aquila）、林鵰與毛足鵟跗蹠則覆蓋著羽毛，具有保護的作用。

鶚的趾為了能抓緊滑溜的魚，特化成佈滿了棘狀的突起稱為「刺突」，其外趾（第四趾）也能彎曲到後方，形成兩前兩後的狀態。鷹屬中的鳳頭蒼鷹，其後趾爪特別發達，可以迅速置獵物於死地，以縮短獵物掙扎時間。同屬中的雀鷹類，趾下方具突起，且中趾特長，能緊抓並刺穿小鳥等獵物的身體。林鵰的爪並非十分彎曲銳利，外趾特小，以方便攫取鳥巢中的雛卵。蜂鷹的趾爪不特別彎曲，可以用來

雀鷹類跗蹠及趾均細長，趾下有肉球突起。（黃光瀛攝）

扒出地洞中的昆蟲。生活於沼澤草原的澤
鵟屬，為了捕捉長草中的獵物，跗蹠十
分細長。大形猛禽如鵰屬其腳爪巨大彎
曲，可以攻擊大的獵物。

羽色

一般猛禽的身體、翼、尾常有橫斑，
在其出現環境而言，橫斑可以使猛禽有隱身
的作用，使小動物不易發現而降低警戒，提高猛
禽的獵食捕獲率。另外橫斑對小動物而言或許也令它們迷眩的作
用。

猛禽往往沒有鮮豔的羽色，一般以黑色、褐色為主，在求偶行
為上它們並不是藉著羽色來吸引異性。

性的差異及生理構造

一般而言，**猛禽為雌鳥大於雄鳥**。根據學者研究，差異大小跟
食性有關。即為獵物的靈活性越大者，雌雄的差異越大，而獵物
的靈活性越差者，雌雄差異越小。例如鷹屬松雀鷹的獵物為飛

鳳頭蒼鷹的食繭（未消化的骨頭或羽毛）（黃光瀛攝）

鳥，屬於較難捕捉者，其雌雄差異頗大，以體重言相差接近一倍；同屬的赤腹鷹其獵物為較不靈活的昆蟲及兩棲類，雌雄的差異就小多了。而捕捉鼠類者，例如澤鵟屬，雌雄體重差約0.5倍。而捕捉爬蟲類者，其雌雄差異就漸小了，如大冠鷲，雌雄體重相當接近。而以腐肉為食者，其雌雄幾乎無差異，如禿鷲。

一般鳥類雌鳥僅具左卵巢，右卵巢退化，應該與飛行減輕重量有關，但是猛禽類其左右卵巢皆可以排卵。猛禽的消化系統也十分發達，可以分泌強酸將肉類蛋白質消化，不能消化吸收的動物羽毛或毛髮、骨骼，腳爪則形成小球後吐出，稱為**食繭**。猛禽在排泄時，往往是用「噴」的，可將糞便排出甚遠的距離，因為食用肉類之故，代謝出來的尿酸（白色）較其他鳥類為多。

◇猛禽的演化與分類

演化

始祖鳥（Archaeopteryx lithographica）是目前所知發現於侏羅紀的鳥類化石，與現今的鳥類主要差異是：口中有齒、無龍骨突起、具尾椎、前肢指端具鉤爪，因此可以確定鳥類是由爬蟲類演化而來。不過始祖鳥飛行能力不強，還不足以在空中自由自在飛翔，僅能滑翔而已。後來發現了白堊紀時的黃昏鳥（Hesperornis regalis），它是屬水鳥、無法飛行，尚無龍骨突起，有胸骨增大，骨頭漸中空等現代鳥類的特徵。就演化上的順序而言，日行性猛禽是相當早出現的種類。

最古老的日行性猛禽化石學名為Lithornis vulturinus是發現於英國的曉新世（6500萬—5500萬年前）的地層。

美洲鷲科、蛇鷲科、鷲鷹科的化石發現於始新世（5500萬—3800萬年前）的地層。隼科的化石是從中新世（2400萬—500萬年前）中開始發現，鷲鷹科的鵟屬化石是在漸新世中期到後期（3000萬—2500萬年前）之地層發現的，鵰屬及海鵰屬化石發現於大約一千萬年前的中新世後期。

從化石的發現年代可以提供隼形目猛禽的演化證據，但由於化

石種類尚未很多，因此中間的過程尚不十分清楚。但是化石也可以提供分類學的證據作爲參考之用。

　　以前的學者是根據鳥類的外部型態構造作爲研究演化的依據，但近年來DNA分析的技術大有進步，也改寫了猛禽的演化系統，如美洲鷲科被歸爲鸛科，夜行性的鴟鴞目則是由夜鷹目演化而來。

分類

　　鳥類的分類依據許多學者根據不同的方法與觀點將鳥類分成不同的類別，猛禽的分類也是有不同的分類。現今常用的是：

一、根據1990年Sibley & Monroe 以DNA為基礎的分類：

　　　鸛形目Ciconiiformes　　　鸛亞目Ciconi

　　　　隼下目Falconides

　　　　　鷹小目Accipitrida

　　　　　　鷹科Accipitridae

　　　　　　　鶚亞科Pandioninae

　　　　　　　鷹亞科Accipitrinae

　　　　　　蛇鷲科Sagittariidae

　　　　　隼小目Falconida

　　　　　　隼科Falconidae

　　　　鸛下目Ciconiides

　　　　　鸛小目Ciconiida

　　　　　　鸛總科Ciconioidea

　　　　　　　鸛科Ciconiidae

　　　　　　　美洲鷲亞科Cathartinae

魚鷹屬單獨一科。（黃光瀛攝）

二、根據1991年Howard & Moore的分類

　　　隼形目Faconiformes

　　　　美洲鷲科Cathartidae

　　　　鶚科Pandionidae

　　　　　鶚屬Pandion－

　　　　　　鶚P.haliaetus

鷲鷹科Accipitridae

　鵑隼屬AVICEDA

　　黑冠鵑隼A.leuphotes

禿鷲亞科Aegypinae

　禿鷲屬Aegypius

　　禿鷲A.monachus

鷹亞科Accipitrinae

　澤鵟屬Circus—

　　澤鵟C.spilonotus

　　灰澤鵟C.cyaneus

　　花澤鵟C.melanoleucos

　鷹屬Accipiter

　　北雀鷹A.nisus

　　台灣松雀鷹A.virgatus

　　日本松雀鷹A.gularis

　　鳳頭蒼鷹A.trivirgatus

　　赤腹鷹A.soloensis

　　蒼鷹A.gentilis

鵟亞科Buteoninae

　鵟屬Buteo

　　鵟B.buteo

　　毛足鵟B.lagopus

鵰亞科Aquilinae

　林鵰屬Ictinaetus

　　林鵰I.malayensis

　鵰屬Aquila

　　花鵰A.clanga

　　白肩鵰A.heliaca

　鷹鵰屬Spizaetus

　　赫氏角鷹S.nipalensis

鷲鷹科眼神銳利，庇突起明顯。（姜博仁攝）

隼科上嘴有齒突，鼻孔較圓形內有島狀突起。
（黃光瀛攝）

　　鵟鷹屬Butastus

　　　灰面鵟鷹B.indicus

　　蛇鵰屬Spilornis

　　　大冠鷲S.cheela

　　海鵰屬Haliaeetus

　　　白尾海鵰H.albicilla

　鳶亞科Milvinae

　鳶屬Milvus

　　　老鷹(黑鳶)M.korschun

　　黑肩鳶屬Elanus

　　　黑肩鳶E.caeruleus

　　蜂鷹屬Pernis

　　　蜂鷹P.ptilorhyncus

蛇鷲科Sagittariidae

隼科Falconidae

　　隼屬Falco

　　　遊隼F.peregrinus

　　　紅隼F.tinnunculus

　　　灰背隼F.columbarius

　　　燕隼F.subbuteo

　　　赤足隼F amurensis

　　　黃爪隼F naumanni

台灣日行性猛禽各屬比較

　鶚屬Pandion：翼狹長、缺庇突起、鼻孔細長可自由啓閉，外趾可反轉，生活於水邊。

　鵑隼屬Aviceda：頭頂有長冠羽，體中小型，生活於森林或林緣，主要以大型昆蟲或蜥蜴、蛙類爲食。

　禿鷲屬Aegypius：翼極寬長，頭部有絨毛，頸部裸出，食腐肉，生活於空曠地。

　澤鵟屬Circus：翼狹長，臉有顏盤，跗蹠細長，聽覺發達，生活

於溼地、草原。

鷹屬Accipiter：嘴短彎曲，翼短圓，尾長，生活於森林帶。

鵟屬Buteo：頭大嘴小，翼寬型，翼下有黑斑，跗蹠短，生活於森林或空曠地。

林鵰屬Ictinaetus：翼寬長，基部較窄，外趾爪短小，生活於森林。

鵰屬Aquila：後頭羽毛尖長，翼寬長，跗蹠有羽毛，腳爪強壯，生活於空曠地。

鷹鵰屬Spizaetus：有羽冠，翼寬廣，初級飛羽短，跗蹠有羽毛，生活於山區森林。

鵟鷹屬Butastus：翼稍尖長可達尾末端，體色帶紅褐味，生活於疏林帶。

蛇鵰屬Spilornis：眼先黃色，蠟膜狹窄，有羽冠，善鳴叫，生活於山區森林。

海鵰屬Haliaeetus：嘴大，翼寬長，尾短，生活於水邊。

鳶屬Milvus：鼻孔水平橢圓形，爪彎曲小，翼狹長略後彎，凹尾，生活於水邊或空曠地。

黑肩鳶屬Elanus：體色較白，眼睛虹膜暗紅色，翼末端黑色，生活於空曠地。

蜂鷹屬Pernis：頭部細長，眼先密布羽毛，喜食昆蟲，生活於森林。

隼屬Falco：上嘴有齒突，翼尖型，飛行迅速，生活於空曠地。

◇猛禽的繁殖

求偶

在台灣到了一至二月時，雄鳥會開始展開求偶，常用的求偶飛行技巧為：

一、波浪狀飛行：雄鳥於高空表演俯衝、爬昇的飛行，如林鵰。

二、模擬攻擊：雄鳥掠過雌鳥背上，或雄鳥伸出腳爪掠過雌

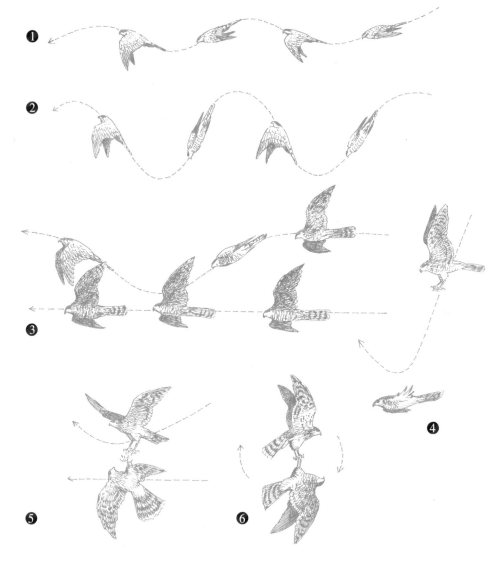

猛禽的求偶類型。（粘國隆繪）

❶ 波浪狀飛行　　❹ 模擬攻擊

❷ 波浪狀飛行　　❺ 模擬攻擊

❸ 波浪狀飛行　　❻ 抓腳旋轉

鳥，或雄鳥伸出腳爪，雌鳥反轉身體回應，如鳳頭蒼鷹。

　　三、**抓腳旋轉**：雌雄互相抓住腳旋轉，此時高度會快速降低，往往在落地前分開，如大冠鷲、老鷹。

築巢

　　一般猛禽築巢是由雙方共同完成，巢以枯枝組成，內襯以帶樹葉的小樹枝、羽毛，有些會加枯草、人類的破布等，除了澤鵟屬築於地面上之外，其他皆築於樹上或懸崖等高處。生活於空曠地的大形猛禽，其巢較不隱密，因其天敵較少之故，但森林性的猛禽往往選擇在密林之中築巢，人類難以發現。

抱卵

　　一般以雌鳥為主，雄鳥只是在雌鳥外出時才接班，而雄鳥也需負責警戒及運回食物，而鷹屬的鳳頭蒼鷹、台灣松雀鷹等則幾乎不進巢，或進巢即迅速離去。猛禽在生完第一卵之後即開始抱卵，因此雛鳥常大小不一。

鳳頭蒼鷹由雌鳥抱卵。（梁皆得攝）

育雛

　　在雛鳥尚小時，雄鳥運回的食物就交給雌鳥哺育，雌鳥會將獵物小口地撕下，小心翼翼地以嘴巴

台灣松雀鷹雌鳥負責哺餵雛鳥。（林英典攝）

餵給雛鳥。等到雛鳥大至自己可以進食時，則雌鳥也會外出打獵，直接將獵物置於巢中，由雛鳥自行啄食。在此階段如食物來源不足，先出生的雛鳥往往因長得快，而會殺死慢出生的雛鳥，或後者搶不到食物而餓死。

離巢

　　當雛鳥的雙翼飛羽漸長時，就會開始在巢中練習鼓翼，以爲未來的飛行做準備。築巢於樹上的猛禽雛鳥，會先移枝到附近的樹枝上，當親鳥帶回食物時，再衝回巢中與兄弟搶食，但這還不算眞正的離巢。等到雛鳥持續長大，飛羽都長齊時，它們會在親鳥的誘導之下，奮然鼓翼飛向空中，這才正式脫離巢中生活，但是它們並不會自己獵食，必須持續向父母索食。接著親鳥會以示範或誘導等方式，教導獵食技巧。一般而言，離巢之後尚需一段時日與親鳥在一起生活，接受親鳥的食物。

自立

　　離巢之後，開始學習獵食，等到親鳥發現其技巧漸純熟，可以自行獵取食物時，有領域性的猛禽親鳥會驅逐幼鳥離開領域，逼迫它們自立門戶。幸運的幼鳥可以找到新的食物充足的領域的話，就可以存活下來。但是在尋找新的領域時，往往會遭遇同類的驅趕，並不容易成功。團體生活的猛禽如老鷹，則會與其他各巢新生的幼鳥在一起生活。

◇猛禽的覓食

灰面鵟鷹雄鳥捕獲攀木蜥蜴，攜回樹枝上進食。
（陳西川攝）

　　猛禽的獵食與身體的構造有著非常密切的關係，也可以說它們的構造是爲了獵取獵物而演化出來的。依照它們的獵食前的位置可以分爲

　　一、棲立攻擊型：棲立於空曠地的突出地點，發現地面上的獵物時，則以俯衝的方式，衝向獵物並加以捕捉。如鵟屬、大冠鷲、灰面鵟鷹、蜂鷹。

　　二、埋伏攻擊型：埋伏於樹林邊緣隱密處，發現獵物時，由隱密處衝出加以追擊。如鷹屬、赫式角鷹。

鳳頭蒼鷹攻擊紅冠水雞。（周大慶攝）

三、空中攻擊型：於空中巡弋或定點飛行，發現獵物時，則衝向獵物加以捕捉。如隼科、澤鵟屬、老鷹、禿鷲、魚鷹。

但是猛禽的捕捉策略並不是只有一種，有時會兩種並用，如鵟屬，鵟屬有時是空中攻擊，有時是棲立攻擊獵物。

按獵物的種類不一樣，攻擊的方式也不一樣：

一、空中的獵物：鷹屬採埋伏攻擊，於空中直接短距離追擊，靠近時仰起身起伸出腳爪加以捕捉。隼科採由上而下俯衝的方式攻擊，以腳爪攻擊獵物背部。鵟屬採側面長距離低角度攻擊，並在飛行中時時修正其攻擊路線並加快其速度。

二、地面的獵物：灰面鵟鷹、赤腹鷹、鵟屬棲立於突出處，俯衝至地面捕捉獵物。紅隼先定點於空中偵測獵物的位置，再垂直俯衝攫取獵物。大冠鷲先降落至獵物身旁，再以腳爪攻擊獵物。赫式角鷹棲立於隱密處再衝出直接攻擊捕捉捕捉。

三、樹上的獵物：林鵰在空中巡弋由空中俯衝攫取森林上層的獵物。台灣松雀鷹及鳳頭蒼鷹先埋伏於隱密處再急速鼓翼衝向樹

上的獵物加以捕捉。

四、水中的獵物：魚鷹於空中巡弋，發現魚類靠近水面之後，直接衝入水中加以捕捉。老鷹、白腹海鵰採較低角度俯衝，以雙腳「撈」向水面，攫取食物。

◇猛禽的遷移

遷移的動機

繁殖於北方的猛禽，於九月、十月就開始南遷，就目前所知，一般鳥類南遷的動機是為了避開北方的冰天雪地，尋找更豐富的食物來源，而春天北返的動機是為了繁殖下一代，但是對猛禽而言前者似乎一樣，而北返時無繁殖能力的亞成鳥也夾雜其中，遷移似乎已成為其遺傳的一部分，而成為一種本能。

遷移性的鳥類因為能適應多樣化的環境，似乎演化的較留鳥來

滿洲是灰面鵟鷹秋季南遷的重要過境點。（陳俊強攝）

赤腹鷹大群遷移。（蕭慶亮攝）

的成功，數量也較龐大。因為遷移途中能加速淘汰老弱的個體，使整個族群更為健壯，繁殖的下一代更能適應環境。以灰面鵟鷹為例，其繁殖於溫帶的落葉性樹林，過境期經過亞熱帶的開墾區，度冬於熱帶雨林，所能適應的環境相當多樣化，故族群數量龐大，演化地相當成功。而相對地留鳥型的赫式角鷹及林鵰，因它們只能適應原始闊葉林環境，一旦林相遭受破壞，則生存大受影響。

遷移的日期

在台灣猛禽南遷的過境期從九月初赤腹鷹過境開始，一直到十月灰面鵟鷹大量過境之後，到十月下旬才漸漸進入尾聲。北返的猛禽從三月初灰面鵟鷹過境開始，一直到五月初赤腹鷹過境結束才漸漸進入尾聲。灰面鵟鷹對於日照長短甚為敏銳，可以在預定的日期進行遷移。

● 赤腹鷹：

南遷：九月上旬至十月中旬

北返：四月上旬至五月中旬

● 灰面鵟鷹：

南遷：十月上旬至十月下旬，高峰是十月中旬

北返：三月上旬至四月上旬，高峰是三月中下旬

● 蜂鷹

南遷：九月中旬至十月下旬

北返：三月中旬至五月中旬

除了上述猛禽因爲過境數量較多，而遷移時間較明顯之外，其他猛禽因爲較零星，所以遷移時間較不明確。

遷移的方式

一、大群遷移：赤腹鷹、灰面鵟鷹，赤腹鷹棲息時較零散，在空中時較集中，灰面鵟鷹棲息及飛行都集中。

二、個別遷移：遊隼、燕隼、澤鵟、魚鷹、花鵰、白肩鵰

三、小群遷移：紅隼、蜂鷹

遷移的策略

與食物的關係

以赤腹鷹、灰面鵟鷹而言，遷移前會大量進食以儲存脂肪作爲飛行的能量來源，因此我們發現過境期獵食的個體所佔的比例並不高。而澤鵟屬在過境期則會在溼地或草原覓食獵食補充體力。

與氣象的關係

猛禽是日間遷移，一般選擇天氣良好時遷移，而起霧下雨則停止遷移。天氣陰沉佈滿雲層仍然可以遷移。對風向而言，順風與逆風對遷移無明顯影響，但灰面鵟鷹秋季遷移時，風向大致爲東北風，南下爲順風，春季遷移時常遇到逆風的北風，但是牠們可以對抗逆風，只要風速在9m/s以下就可以飛行。

遷移的機制

根據目前所知，鳥類遷移的機制主要是靠太陽、地磁、星辰、地標、本能等。根據灰面鵟鷹北返的觀察，它們遷移時會沿著海岸線飛行，會從四面八方向八卦山、大肚山集中，而且在有霧的天氣下停止遷移，因此判斷它們必須依賴地標進行遷移。而赤腹鷹南遷時也會順著台灣島的地形向南端集中，夜棲於墾丁地區，隔日再伺機渡海南遷。至於是否利用太陽、地磁或其他機制，則尚未有充分之證據支持。

遷移飛行的方式

灰面鵟鷹在出發集結及抵夜棲地上空形成龍捲風式盤旋飛行，或稱鷹柱，遷移途中則採縱隊飛行，高峰期可綿延數十公里之長。據春季的觀察，天氣晴朗時，上午五時天微亮時即鼓翼起飛，至下午五時仍可見到其高空通過。赤腹鷹不採縱隊飛行，而顯得較無秩序，呈整個面的移動，集結時也會形成鷹柱，遷移大致上於上午進行。蜂鷹小群時，其飛行方式與灰面鵟鷹一樣。

縱隊飛行時，灰面鵟鷹採鼓翼兼滑翔交錯的方式前進。逆風而風勢強時則不鼓翼。赤腹鷹亦採鼓翼兼滑翔交錯的方式前進，但逆風而風勢強時則採鼓翼前進。魚鷹遷移時雙翼幾乎不動略後彎，採滑翔前進。國外觀察發現大型猛禽遷移時，常利用上升氣流盤旋到數千公尺高度，再滑翔前進。

遷移的速度

在1992年曾觀察過灰面鵟鷹在無風的環境下，飛行速度約35公里，上午5時半離開墾丁的鷹群，約在12時半至13時之間抵達八卦山。在日本曾以兩觀察點算出赤腹鷹的飛行速度約可達60公里。若在順風的情況下，飛行的速度應該比再無風環境還要快。灰面鵟鷹常在飛行途中形成鷹柱，反而會影響其遷移速度。

獵隼（F.cherrug）體型比遊隼稍大，古代常助獵人捕獵。（陳加盛攝）

◇猛禽與人類

權力的象徵

猛禽是「空中之王」，與老虎獅子一樣，是威猛、武力、不可侵犯的象徵，從古代起，上至國王、諸侯、將軍、下至武士、戰士、百姓，都喜歡以猛禽的圖案或文字來炫耀自己的威武。美洲大陸印地安酋長頭戴著金鵰的飛羽，代表至高無上的尊容。早期台灣原住民的武士也可以發現他們以大冠鷲或赫式角鷹的羽毛來裝飾中，象徵自己饒勇善戰。古代帝王的服飾中常可以發現猛禽的造型。人類是多麼尊崇猛禽啊！美國以白頭海鵰爲國家的象徵，作爲「國鳥」，美屬薩摩亞（Samoa）的國旗上也可以發現猛禽的輪廓。

飛行的夢想

人類尚無法離開地面時，當仰望到猛禽在天空盤旋時，是多麼羨慕能夠自由自在的飛行啊！早期的滑翔機與飛機的發明者，其靈感就是來自於觀察猛禽的飛行所得到的。義大利的神話中曾提到人類模仿猛禽在身上插上雙翼從懸崖跳下而飛行，使得早期歐

洲，許多人因學猛禽飛行而從塔頂、懸崖跳下而摔死，人類是多麼夢想飛行啊！這個夢想直到近代滑翔機發明之後才真正實現「猛禽式的飛行」，而萊特兄弟發明飛機之後，更將從地面起飛的真正飛行之夢給實現了！

鳥類飛行是經過數億年的進化才成功的，人類飛行以後，不過短短的五、六十年，飛行的速度、高度卻已遠遠超過了鳥類，但鳥類可以自傲的是它們的飛行是不會污染環境的，而且非常安全。

獵人的助手

古代的中國約從唐代起發現了飼養猛禽並加以訓練之後可以幫助獵人打獵，傳到宮廷之後，這項喜好竟然受到皇室的喜愛，紛紛的聘請獵戶訓練起御用的猛禽。從金鵰到蒼鷹、遊隼，幾乎每一種猛禽都是打獵的高手，每年秋季的皇室狩獵中，猛禽就成為最重要的助手了，因此更有了「鷹犬」「鷹架」等跟鷹有關的通俗用語。後來飼養獵鷹的風氣傳到了蒙古，蒙古地廣人稀，無垠的草原更適合猛禽的攻擊獵物，因此也很快地受到蒙古人的喜愛，不管貴族、平民騎在馬上，肩上駕著鷹，更是蒙古人的註冊商標。隨著蒙古人西征，這股獵鷹風氣傳到中東阿拉伯，更遠竟傳到歐洲了！歐洲人更訓練出優秀的獵犬可以找出被獵鷹擊落的獵物並撿回給主人。

如今，阿拉伯的王宮貴族還保留著飼養獵鷹的傳統，歐洲的獵鷹風氣已轉移到民間，由各國一些喜愛養鷹的團體保存著。美國更將養鷹納入證照管理，並且訂定各種管理辦法與規則並繳稅，在不傷害生態之原則下，將養鷹做適當的經營管理。台灣目前並無適當的法令管理養鷹，為了不讓養鷹傷害生態保育，實有待建立。

環境的先驅指標

猛禽是食物鏈最頂端的物種，一個地區有猛禽生存著，表示這個地區必定生存著足以供給它們食物來源的小型動物，也表示這個地區的生態體系並未遭受破壞，基本的生產者——植物的數量

賞鷹活動的推展，可以增加猛禽保育的力量。（蕭慶亮攝）

眾多，更重要的指標是這個地區沒有遭受殺蟲劑或其他足以致命的農藥污染，人類必定也可以安心地在這個地區生存。假設一個地方遭受輕微化學物質污染，雖然小動物的數量並未大量減少，但是這些化學物質經食物鏈傳遞到猛禽的時候，卻已經累積到相當的數量，並足以影響猛禽的繁殖或生存了。化學物質如DDT等最主要會使卵殼的變薄，使得孵育失敗，另也會積存於猛禽體內，過多的時候，會導致中毒死亡。其他如滅鼠藥的使用，導致老鷹覓食老鼠死屍時，間接中毒身亡。田間噴灑的農藥雖然可以使農作物長的肥美，但是數量過多時也會導致生物的機能受損。因此，猛禽在一個地方繁盛的話，表示這個地方污染程度是最低的。

◇猛禽的保育

　影響猛禽生存的三大因素是：一、化學物質的濫用；二、過度的獵捕；三、棲地的破壞。

化學物質的影響

早年發明的DDT殺蟲劑，人類尚不知它無法被生物體分解，而會殘留在體內影響健康。但觀察到歐洲的遊隼的數量減少之後，人類才知道DDT的可怕。雖然在文明國家早已禁止DDT的產製，但在落後國家由於它生產成本低廉仍繼續製造，對整個地球生態仍具有相當的威脅性。

在台灣，老鷹的消失可以說是一個化學物質濫用的最明顯受害者，1970年代以前，台灣鄉間可以說是到處都可以看到老鷹，但是滅鼠藥及DDT的殺蟲劑使用，對老鷹族群無異是個晴天霹靂，1970年起，老鷹的數量迅速下降，全省許多湖泊、水庫、河流的老鷹族群漸漸消失，再也看不到老鷹盤旋的英姿。

其他猛禽因為捕時活的獵物，沒有老鷹受影響那麼深遠，但是中毒事件也是層出不窮，如生活在開墾區的台灣松雀鷹、鳳頭蒼鷹，在果園噴灑農藥期間，也常常間接受害。

因此，我們要營救猛禽的第一個要務是減少化學藥劑的濫用，減輕工業對空氣、水質的污染，營造一個有猛禽的健康環境。

獵捕的影響

早期猛禽被人類飼養幫助打獵，並不會造成族群數量的下降，因為環境及棲地未受破壞，野生的猛禽的數量仍相當多，但自從人類發明獵槍以來，猛禽因為盤旋緩慢，很容易成為獵人獵槍瞄準的目標。在歐美更有獵人因為猛禽會吃掉其打獵目標（gamebird），因而懷恨猛禽，而想盡辦法獵殺。在台灣我們也時常發現大冠鷲身中十字弓箭而身亡或殘廢的事例。山產店更是處處可見猛禽標本的陳列展售。

台灣受害最深的猛禽可算是灰面鵟鷹了。1980年以前台灣社會剛起步，出口旺盛，沒想到「猛禽標本」也成為熱門出口商品之一。不肖商人將標本藏於羽毛貨櫃之中出口到日本等先進國家。每年到了秋季灰面鵟鷹過境滿洲期間，在標本商人的利誘下，山上燈火通明，獵鷹者比比皆是，命喪槍下的鷹數以千計。春季過境八卦山期間，標本商再度來到此地收購，八卦山上大型鳥仔踏

觸目皆是，灰面鵟鷹的眼珠堆的像小山一樣。真是灰面鵟鷹在台灣最悲慘的一頁！1980年以後各地鳥會保育團體相繼成立，拯救灰面鵟鷹似乎成了最重要的使命了。在熱心的鳥友奔走之下，大聲疾呼停止殺戮，1981年十月在滿

研究猛禽的繁殖，動用了監視器來監看巢內活動。
（黃光瀛攝）

洲鄉公所召開第一次的灰面鵟鷹保育會議，全國學者顏重威先生、張萬福先生、陳炳煌教授、劉小如教授、吳森雄先生及各地鳥友群赴滿洲關心，並與當地民眾溝通保育的重要性及對國家形象的影響，滿洲的獵鷹風氣才漸漸收斂，墾丁國家公園成立後，在警察隊的取締下，獵鷹才銷聲匿跡。而在八卦山方面，1991年三月在台灣省政府農林廳的彭國棟技正的策劃之下，帶領員工、當地派出所警員、里長、鳥會團體及熱心鳥友全面拜訪山區民眾，挨家挨戶訪問，終於使得捕鷹風氣塵埃落定，八卦山終於看不到鷹仔踏。1991年起彰化鳥會成立之後，在陳勝鑄、廖世卿及眾鳥友的積極奔走之下，每年三月舉辦萬人賞鷹活動，更將賞鷹風氣帶入高潮。

因為猛禽的繁殖率極低，大型猛禽甚至每年只生一卵，因此停止獵捕對猛禽而言是非常重要的。不當的收集卵與不當地飼養雛鳥或成鳥，對猛禽而言都會造成生態上的傷害。截至目前為止，台灣尚無法在人工的環境下繁殖猛禽（美國採用人工授精方法，已人工繁殖遊隼成功），因此提高猛禽的數量需完全依賴野生環境的天然繁殖。

棲地破壞

人類發明機器之後，對環境的破壞能力大增，鋸倒一棵數百年齡的環抱樹木僅需數十秒時間。棲地對猛禽而言，代表著食物的來源、繁殖的場所，失去了棲地，等於喪失了所有生機，對留鳥

猛禽而言，棲地的破壞將讓它們流離失所。

　　隨著工商業的進步，原本青翠的山峰早已成為沒有樹林的住宅區、遊樂場、高爾夫球場，大大地影響猛禽的棲息。猛禽被迫往更深山移居，更與同類產生領域的爭奪，失敗者將面臨無棲息地的窘境，被迫進入人煙鼎盛處處充滿危機的城鎮討生活。而無法與人類共存的赫氏角鷹、林鵰，更是陷入在台灣滅絕的危機之中。

　　保留原始的各種棲地事一件十分重要的事。台灣森林曾因經濟因素而大量砍伐，但現在國家進步，不再以木頭換取外匯，主政者應該提共更多的保留區，作為台灣原始面貌的見證，不光是山區，平地、海邊、河口、溼地都應有保留區，而且不要有「荒地」是浪費的觀念，「荒地」反而是野生動物最重要的居所，可以讓民眾多多學習自然的地方，也可以端正社會不良的風氣。

　　灰面鵟鷹雖然是過境鳥，但因他們數量龐大，最容易引起國際保育團體的關心，因此提供良好的棲地是我們責無旁貸的責任。不管滿洲、八卦山、大肚山都應提供充足的樹林、竹林供其夜棲。

　　台灣是一個出口國家，假設保育形象不佳引起國際抗議，發起抵制台灣產品活動，將會大大地影響我國的產品出口，間接影響本身的經濟，主政者不可等閒視之。在西班牙LYNX公司出版的世界鳥類手冊第二本在灰面鵟鷹的介紹中提到「在台灣每年有1000隻灰面鵟鷹被獵殺」，如此的描寫對政府保育形象已造成影響。

Eagle
如何觀察日行性猛禽

◇賞鷹的準備

為了達成欣賞猛禽的目標，以下的裝備及注意事項是提醒您應該注意及準備的。

望遠鏡

一般賞鳥的雙筒望遠鏡，以7至10倍，口徑大小以35mm至40mm為佳。倍率是指望遠鏡將肉眼所看到的影像大小放大的倍數，或是將目標物的距離縮短的倍數。口徑是指物鏡的直徑，與亮度有關。觀看猛禽是以天空飛行的目標物為準，因此不建議超過10倍以上的倍率，以免造成影像晃動，眼睛疲勞。口徑不宜太小，以免太暗，看不清楚猛禽身上的斑紋。口徑太大的望遠鏡，重量常接近或超過一公斤，造成長時間持用時，手、頸、肩酸痛。選購望遠鏡時，鏡片素質也相當重要，以名牌為佳。為了觀看猛禽停棲的姿態，單筒望遠鏡也是必備的，目鏡以30倍以上為佳，如果使用特殊低色散鏡片的望遠鏡更可以清楚的觀看猛禽的各種特徵。

另外要注意，因為天空的亮度較地面為大，長時間對著天空觀看容易造成視覺受損，應該一段時間以後，讓眼睛休息。

辨識圖鑑

一本好的辨識圖鑑種類應搜羅完整，以反覆比對發現的猛禽。並且應有雌雄成鳥、幼鳥之各種飛行及停棲圖片，並有完整的辨識文字敘述，指導要訣等，使觀察者發揮事半功倍之效。最好攜帶繪畫式及相片式的各種中外鳥類或猛禽圖鑑，已備不時之需。

配合環境的衣著

切記不要穿著自然介缺乏的鮮豔色彩，如紅色、黃色、粉紅色、藍色等衣物，白色也應避免，以免在賞鷹過程暴露行蹤，嚇

拍攝猛禽飛行的英姿，讓更多人欣賞猛禽。（蕭慶亮攝）

走猛禽。迷彩衣物是不錯的選擇，但是綠色系列、深色的衣物也可以。

觀賞時最好躲在樹蔭底下，勿在空曠地，以免被其發現。

充分的飲食

猛禽往往出現於人煙罕至之處，並無便利商店或餐館可供購買食物飲料，因此應準備妥當當天所需的飲食。有時猛禽大量出現於中午，以免因為離開吃飯而錯失觀賞良機。

防曬的用品

猛禽是常出現於天氣良好之時，陽光紫外線也頗為強烈。戴帽及擦防曬油是非常容易被忽略的一件事，常見鳥友觀看猛禽之後，臉、手被曬得疼痛不堪。

輕聲細語

猛禽聽覺雖然不是很強，但是大聲喧嘩及突然的噪音都會嚇走原先棲停的猛禽，應注意。

◇辨識猛禽的要領

日行性猛禽的翼型

翼型為猛禽盤旋時將雙翼全部展開時的模樣，台灣日行性猛禽的翼型約可分為下列種類

短圓型：如鳳頭蒼鷹、台灣松雀鷹，日本松雀鷹、蒼鷹、北雀鷹

寬型：如大冠鷲、赫式角鷹、蜂鷹、鵟、毛足鵟、白腹海鵰

寬長型：如林鵰、白肩鵰、花鵰、白尾海鵰、禿鷲

狹長型：如魚鷹、澤鵟、灰澤鵟、花澤鵟、老鷹

稍尖型：如赤腹鷹、灰面鵟鷹

尖型：如遊隼、紅隼、灰背隼、燕隼、赤足隼、黃爪隼、黑肩鳶

辨識的要點

猛禽的辨識對剛賞鳥的人可能覺得較難　不過注意以下的要點應可以有較深的概念　一些常見種可以輕易地辨識出來。

一、大小：

可以用鴿子、小白鷺、巨嘴鴉等常見的鳥類來做比較。如台灣松雀鷹與鴿子大小接近，灰面鵟鷹與巨嘴鴉差不多。

二、翼型：

將猛禽的翼型辨認清楚，再比對圖鑑。如魚鷹為狹長型、大冠鷲為寬型。

三、尾長：

將尾長與頭身長做一比例的判斷。如鳳頭蒼鷹尾比頭身長度稍短，台灣松雀鷹尾與頭身等長。花鵰尾短，林鵰尾長適中。

四、羽色特徵：

注意身上的黑斑、白斑的所在，白色帶、黑色帶以及身上的橫斑或縱斑。如老鷹翼下有白斑，鵟的翼末端有黑斑，澤鵟肩部有白斑。

五、注意出現地點：

出現於山區或水邊、空曠地或樹林、及正確地點等等。如林鵰

常出現於原始林，魚鷹出現於湖泊、水庫，澤鵟出現於濕地，日本松雀鷹出現於平原防風林。

六、行為：

有的猛禽有特殊行為，也可以參考。如紅隼會鼓翼定點飛行，大冠鷲邊飛邊叫，鳳頭蒼鷹會將翼下壓抖動，赫式角鷹盤旋喜歡張開尾羽。

七、是否成群：

赤腹鷹及灰面鵟鷹結成數十隻至數千隻等大群遷移，蜂鷹小群遷移。

八、注意出現日期：

是否在春秋兩季出現，或是繁殖期的夏季。過境鳥如赤腹鷹、灰面鵟鷹出現於春秋季節。澤鵟出現於十月至隔年四月。

◇如何尋找猛禽

猛禽由於個性隱密、數量較少且有時飛的相當高，故平常並不容易遇到。

猛禽喜歡停於枯木上。（范兆雄攝）

一、注意白雲上的黑點：

猛禽高飛時，如果在藍天底下往往不容易見到，這時可利用白雲作爲背景來尋找。

二、注意山頭陵線上方：

許多猛禽喜在陵線上飛行，且陵線後面透空容易見到其剪影輪廓。

三、注意突出的枯枝：

許多山區棲息的猛禽喜歡棲停於突出的枯枝上，故應特別注意尋找。

四、注意水平的粗樹枝上突出的黑影：

猛禽較常站立於水平粗樹枝上，如山黃麻，遠看形成一黑影。

五、把握其大量出現的日期：

春秋兩季是過境猛禽大量出現的日期，春季約從三月上旬至五月上旬，秋季是從九月上旬至十月下旬。

六、把握其出現盤旋時間：

一般山區猛禽常盤旋於天氣良好的上午九時到十二時之間，澤鵟幾乎天亮不久即開始巡弋獵食，基隆港口的老鷹則至上午十時以後才出現。

七、選擇視野良好的山頂或懸崖地形：

山區猛禽喜盤旋於陵線或懸崖地帶等上升氣流充足的地方，可相當近距觀賞。

八、選擇視野良好的草澤：

澤鵟喜歡出現於蘆葦豐盛的草澤。

九、選擇過境猛禽的大量出現地點：

如十月中旬下午可至滿洲的老佛橋、里得橋觀看灰面鵟鷹落鷹，九月中下旬上午可至社頂公園觀看赤腹鷹大量過境或其他稀有猛禽。三月下旬下午可至八卦山安溪寮或是賞鷹平台觀賞灰面鵟鷹落鷹。

猛禽常巡弋於陵線上方。（姜博仁　攝）

Eagle

野外如何快速辨識猛禽

◇猛禽九步──野外飛行辨識

以下介紹如何按步就班，辨識猛禽的種類。

第一步：觀察大小（大小是很重要的判斷依據）

超大型80公分以上：禿鷲、白尾海鵰。

大型70-80公分：大冠鷲、花鵰、赫式角鷹、林鵰、白肩鵰、白腹海鵰。

中大型55-70公分：老鷹、澤鵟、魚鷹、鵟、毛足鵟、蜂鷹、蒼鷹。

中型40-55公分： 灰面鵟鷹、鳳頭蒼鷹、灰澤鵟、花澤鵟、遊隼。

小型30-40公分：台灣松雀鷹雌鳥、紅隼、燕隼、灰背隼、黑肩鳶、北雀鷹、黃爪隼。

超小型30公分以下：台灣松雀鷹雄鳥、赤腹鷹、日本松雀鷹、赤足隼。

第二步：觀察整體羽色（依照整體的羽色色調分類如下）

黑色系：林鵰、禿鷲、花鵰。

褐色系：澤鵟雌鳥、白肩鵰、老鷹、鵟、大冠鷲。

上鉛灰或褐、下斑紋：灰澤鵟雌鳥、花澤鵟雌鳥、鳳頭蒼鷹、台灣松雀鷹、蒼鷹、北雀鷹雌鳥、灰面鵟鷹、赫式角鷹、蜂鷹、遊隼、灰背隼雄鳥、赤足隼、燕隼。

上鉛灰或褐、下紅褐：赤腹鷹、日本松雀鷹雄鳥、北雀鷹雄鳥。

上紅褐或黃褐、下斑紋：紅隼、黃爪隼、灰背隼雌鳥。

上褐、下無斑紋淡色：赫式角鷹亞成鳥、大冠鷲亞成鳥、白肩雕亞成鳥。

灰加白色系：黑肩鳶、灰澤鵟雄鳥、白腹海鵰。

黑加白色系：花澤鵟雄鳥（背上有三叉戟斑紋）、澤鵟雄鳥。

褐加白色系：魚鷹、毛足鵟、白尾海鵰。

第三步：觀察翼型屬於何種形狀

短圓型：鳳頭蒼鷹、台灣松雀鷹，日本松雀鷹、蒼鷹、北雀

野外如何快速辨識猛禽

超大型：（80公分以上）

禿鷲

大型：（70—80公分）

花鵰

白肩鵰

白尾海鵰

林鵰

大冠鷲

赫氏角鷹

台灣賞鷹圖鑑

中大型：（55─70公分）

魚鷹

蒼鷹

鵟

澤鷹

老鷹

蜂鷹

中型：（40─55公分）

鳳頭蒼鷹

灰面鵟鷹

花澤鵟

小型：（30—40公分）

北雀鷹

黑肩鳶

日本松雀鷹

超小型：（30公分以下）

赤腹鷹

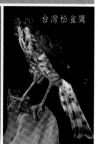

台灣松雀鷹

鷹。

　　寬　　型：大冠鷲、赫式角鷹、蜂鷹、鳶、毛足鵟、白腹海鵰。

　　寬長型：林鵰（基部狹窄）、白肩鵰、花鵰、白尾海鵰、禿鷲。

　　狹長型：魚鷹、澤鵟、灰澤鵟、花澤鵟、老鷹。

　　稍尖型：赤腹鷹、灰面鵟鷹。

　　尖　　型：遊隼、紅隼、灰背隼、燕隼（最尖長）、赤足隼、黑肩鳶、黃爪隼。

第四步：觀察翼下羽色、斑紋或斑塊

　　翼密佈橫斑：鳳頭蒼鷹、台灣松雀鷹、赫式角鷹、蜂鷹淡色型、北雀鷹、日本松雀鷹、蒼鷹、灰面鵟鷹、灰澤鵟雌鳥、花澤鵟雌鳥、遊隼、紅隼、燕隼、灰背隼、赤足隼雌鳥、黃爪隼、澤

蒼鷹

鳳頭蒼鷹

台灣松雀鷹

日本松雀鷹

北雀鷹

寬形：

鵟

毛足鵟

白腹海鵰

蜂鷹

大冠鷲

赫氏角鷹

台灣賞鷹圖鑑

寬長形：

白肩鵰

禿鷲

花鵰

白尾海鵰

林鵰

狹長形：

魚鷹

灰澤鵟

澤鵟

老鷹

野外如何快速辨識猛禽

稍尖形：

赤腹鷹

灰面鵟鷹

尖形：

黑肩鳶

灰背隼

遊隼

燕隼

紅隼

鵟雄鳥褐色型。

　　翼末端黑色：赤腹鷹、澤鵟雄鳥、灰澤鵟雄鳥、花澤鵟雄鳥、鵟、毛足鵟、蜂鷹亞成鳥、黑肩鳶。

　　翼下覆羽白色：魚鷹、白腹海鵰、赤足隼雄鳥。

　　翼有黑斑塊：鵟、毛足鵟。

　　翼為黑、褐色無白斑：禿鷲、白肩雕、白尾海鵰。

　　翼為黑色有小白斑：老鷹、花鵰、林鵰。

　　翼有白色帶：大冠鷲、蜂鷹黑色型。

　　翼花紋複雜：澤鵟雌鳥、白尾海鵰亞成鳥。

第五步：觀察尾部長短比例及花紋

將身體由腰部分成兩半，由腰到嘴尖爲前段，由腰到尾端爲後段。

長尾（後段比前段約爲一比一或更大者）：紅隼、黃爪隼、台灣松雀鷹、北雀鷹。

稍長（後段比前段約爲三比四）：蒼鷹、鳳頭蒼鷹、澤鵟、灰澤鵟、花澤鵟、灰面鵟鷹、日本松雀鷹、灰背隼、赤足隼。

適中（後段比前段約爲三比五）：赫式角鷹、林鵰、老鷹、鵟、毛足鵟（末端黑色）、蜂鷹、遊隼、燕隼、赤腹鷹。

短尾（後段比前段約小於三比五）：禿鷲、花鵰、白肩雕、白腹海鵰、白尾海鵰、魚鷹、大冠鷲、黑肩鳶

第六步：觀察腰部羽色

腰部白色：灰澤鵟雌鳥、花澤鵟雌鳥、鳳頭蒼鷹（擬白腰）。

腰、尾白色與背上不同色：灰澤鵟雄鳥、花澤鵟雄鳥、澤鵟雄鳥。

腰部淡色：澤鵟雌鳥、灰面鵟鷹、花鵰、林鵰。

腰部與背上相同羽色：台灣松雀鷹、日本松雀鷹、蒼鷹、北雀鷹、赤腹鷹、赫氏角鷹、蜂鷹、遊隼、紅隼、燕隼、灰背隼、赤足隼、黃爪隼、魚鷹、禿鷲、大冠鷲、鵟、毛足鵟、白尾海鵰、白腹海鵰、老鷹、黑肩鳶、白肩鵰。

第七步：觀察是否有特殊的飛行方式

翼上舉成V字形：澤鵟、灰澤鵟、花澤鵟、大冠鷲。

定點飛行：紅隼、赤足隼、黃爪隼、灰背隼、鵟、毛足鵟。

翼下壓抖動：鳳頭蒼鷹。

第八步：觀察是否成群

大群：灰面鵟鷹、赤腹鷹

小群：蜂鷹、紅隼

第九步：觀察是否有特殊的鳴叫聲

「灰、灰、灰、灰——灰———」或「灰——灰———」：大冠鷲

「就——就-就就就就就」：台灣松雀鷹

「既–及──」：灰面鵟鷹

「ㄈㄧㄡ─」「ㄈㄧㄡ─」：老鷹

「喀、喀、喀、喀、喀、」：隼科

◇快速辨識的應用

我們在野外觀察猛禽時，有時候往往能觀察的時間相當短暫，或許只注意到部分特徵，例如只注意到輪廓大小、全體體色、翼上花紋，這時候我們可以將所見到的當成第一步，來核對到底哪些猛禽符合特徵，然後再從「第一步」逐項比對，就可以確定所見到的猛禽是哪一種了。

台灣日行性猛禽

〔體例說明〕

鶚（魚鷹）
〔中文名〕

Pandion haliaetus　　Osprey　　大陸：鶚
〔學名〕　　　　　　　〔英名〕　　〔大陸名〕

W♂147～♀168cm　　L♂56～♀61cm　　♂1120～♀2050g
〔翼展〕　　　　　　　〔身長〕　　　　　〔體重〕

鶚科　*Pandionidae*

　　全世界一屬一種，廣布於全世界水域，主要特徵是缺庇突起，鼻孔細長可緊閉，外趾可反轉，腳上有棘狀突起。演化順序上為古老的種類，與現今其他猛禽血緣關係甚遠。以獵捕魚類為主食。

魚鷹捕魚是整個衝入水中，再將魚帶離水面。（周大慶攝）

雙翼狹長，尾短。（林英典攝）

鶚科 鶚（魚鷹）

鶚科 *Pandionidae*
CITES II非全球瀕臨危機。屬台灣珍貴稀有保育類動物

鶚（魚鷹）

Pandion haliaetus　　Osprey　　大陸：鶚
W ♂ 147〜♀ 168cm　　L ♂ 56〜♀ 61cm　　♂ 1120〜♀ 2050g

成鳥特徵：
　　頭部：頭頂及喉部白色，有明顯粗過眼線，缺眼睛上之庇突起（一般鷲鷹科猛禽有明顯庇突起）。**翼及背部**：體背面大致褐色。**胸腹部**：胸部有褐色橫帶，腹部白色。**尾部**：尾羽背面褐色有橫紋，尾下面亦有明顯橫紋。**足部**：趾黃色，具有刺狀突起。

幼鳥特徵：
　　胸部較褐色有軸斑，背部及翼上覆羽有明顯淡色羽緣，似鱗片狀，眼睛虹膜稍褐色。

魚鷹庇突起不明顯，鼻孔細長，潛入水中時可緊閉。
（黃光瀛攝）

滑翔時雙翼後掠成「M」字形。（林英典攝）

成鳥，捕到魚之後找一個安全的地方盡情享用。（周大慶攝）

雌雄辨別：

雄鳥胸部橫帶較雌鳥爲細，額頭及後頭白斑塊較小。

停棲辨別：

喜棲停於水面或水面附近突出物上，遠看頭小身體大尾短，上黑下白。

飛行辨識：

翼極狹長，頭部較白有黑色過眼線，翼下及腹面形成三角形白色帶，滑翔時雙翼較收縮，呈「M」形，尾短。

飛行相似種：

澤鵟或澤鵟類滑翔時翼常上舉，腹面無白色三角形區域，尾較長，較少在水面上活動。老鷹翼下面及腹面均較黑，尾成魚尾型。

棲息與分布狀況：

於日據時期疑有繁殖記錄，之後未再有繁殖發現紀錄，但1999年於蘇花公路附近疑有築巢情形。現爲不普遍冬候鳥及過境鳥，出現於海邊、湖泊、水庫、河川等水域，過境期會通過山區。度冬於蘭陽溪口、北海岸、石門水庫、大肚溪口、濁水溪口、鰲鼓、曾文水庫、七股、高屏溪、墾丁牧場、龍鑾潭等地較常見，秋季過境常見於墾丁，也曾見於阿里山，日月潭，春季過境期發現於八卦山、大肚山、觀音山等猛禽遷移路徑上。

獵物種類：

魚類(300g以下較多)爲主、次要爲鼠類、鳥類、兩生類、爬蟲類、甲殼類、甲蟲。

獵食方式：

在水面上空盤旋尋找獵物，發現目標後定點鼓翼，然後俯衝入水中以爪抓魚，將魚攜至附近

翼下覆羽與腹部形成白色三角形區域。
（姜博仁攝）

樹上、突出物（如電桿）上或地面進食。

身體構造與獵食的關係：

鼻孔細長朝下，潛入水中時可緊閉。跗蹠及趾具有刺狀突起，外趾能反轉，爪彎曲銳利，可以緊抓滑溜溜的魚。雙翼狹長，可減低強風的阻力，並做持久滑翔飛行。腹面較白，可減低獵物的警戒心。

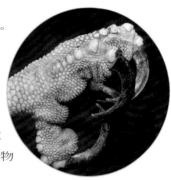

魚鷹的腳具有棘狀突起，可抓住滑溜的魚。（黃光瀛攝）

求偶行為：

雄鳥緊追雌鳥，做波浪狀飛行。一般雄鳥也會在腳上抓著魚或巢材，高度可達三百公尺，爬升時鼓翼極為用力。當反覆俯衝及爬升時，高度也漸漸地下降，最後停在巢上。

築巢位置：

海岸斷崖、樹頂，巢可多年使用，由枯枝、枯草堆集而成，內

亞成鳥（巢上各羽明緣淡色，棲停於水邊等待抓魚。（陳加盛攝）

舖以羽毛、枯草、碎紙等，直徑可達一公尺，高50至70公分。

卵數：

2-3卵較多，偶有4枚，卵灰白色有紅褐色斑。

抱卵期： 34-41日

離巢日數： 53日左右

在濁水溪的淺水處也可以捕到魚。（艾台霖攝）

鷹科　鶚（魚鷹）

繁殖行為：

　繁殖於二月至五月（北方為五月至八月）g抱卵主要以雌鳥為主，雄鳥主要負責食物供應，只有離巢進食時由雄鳥暫代。雛鳥孵出約十日內，雌鳥不離巢；十日後，只有在寒冷、下雨或陽光強勁下才進巢抱雛。雄鳥會將食物直接進巢放置，由雌鳥餵食。六週以後，雌鳥也外出獵食，帶回的食物由幼鳥自己取食。離巢後1-2個月，幼鳥才自立。

繁殖年齡： 3-5年

◎亞種及分佈：（Howard & Moore,1991）

P.h.haliaetus：繁殖於歐亞大陸中北部，渡冬於非洲南部、印度、中南半島、台灣

P.h.carolinensis：繁殖於北美，度冬於中南美洲。

P.h.ridgwayi：巴哈馬群島（北美洲）。

P.h.melvillensis：菲律賓到蘇門達臘和澳洲中部

P.h.microhaliaetus：新喀里多尼亞（大洋洲）、澳洲北部

P.h.cristatus：澳洲南部、塔斯馬尼亞島（澳洲南部）

鷲鷹科　*Accipitridae*

　　全世界217種，台灣記錄24種。除黑肩鳶外，其初級飛羽後六根缺刻明顯，形成指狀分叉，善於盤旋飛行。其視覺銳利，但嗅覺不靈敏。有的上嘴有較圓齒突（隼科較突出，且下嘴對應） g 如鷹屬（Accipiter），但大部分沒有，有的有雙齒突，如老鷹、蜂鷹。體型差異較大，如禿鷲身長可達106公分，但台灣松雀鷹公鳥體長僅28公分。一般雌鳥大於雄鳥，其獵物越靈活者，差異越大。一般身體各部皆密佈橫紋或雜有橫紋。體色一般為褐色、灰色及黑色或雜有白羽。眼睛上方有庇突起之構造，可遮蔽陽光，眼神極為兇猛銳利。

　　在獵食方面，除禿鷲亞科以腐肉為食外，餘均以齧齒類、鳥類、兩生類、爬蟲類、昆蟲為食。有的喜食蛇類，如大冠鷲；有的喜食魚類，如海鵰屬；有的喜食小鳥，如雀鷹類；有的以昆蟲為主食，如赤腹鷹。

鷲鷹科　*Accipitridae*

CITES II非全球性瀕臨危機，屬台灣珍貴稀有保育類動物

蒼鷹

Accipiter gentilis　　　Northern Goshawk　　　大陸：蒼鷹

W♂106～♀131cm　　L♂47～52.5 cm，♀53.5～59cm　　♂500～♀1100g

頭部白眉明顯，體型較大，腹面縱紋橫斑交錯。
（粘國隆繪）

成鳥特徵：

　頭部：雄鳥頭頂爲暗鉛灰色、有顯著粗眉斑，喉部有多數細縱斑。雌鳥頭頂爲暗褐色。背及翼部：雄鳥背部、翼上爲暗鉛灰色。雌鳥背部、翼上爲暗褐色，腹面爲污白色底。胸腹部：腹面爲白色底，胸腹部爲密集細橫紋夾雜細縱紋。尾部：尾上爲暗鉛灰色，雌鳥尾上爲暗褐色。足部：跗蹠黃色粗壯，趾爪粗而彎曲銳利。

幼鳥特徵：

　幼鳥全身爲褐色頭部有密集縱紋，背部及翼上各羽有淡色緣，眼睛虹膜爲灰色。腹面爲淡褐色底有縱紋。眉斑不明顯。

雌雄辨別：

　雄鳥眼睛虹膜爲橙紅色或黃色，雌鳥爲黃色。雌鳥比雄鳥大許多。雌鳥腹面斑紋對比不鮮明。雄鳥背面爲暗鉛灰色。

停棲辨識：

　身體壯碩，頭部有白眉，體上面

暗色，下面密佈橫斑。

飛行辨識：

體較粗壯，翼短圓寬廣，圓突明顯，末端微尖，初級飛羽有小內凹。尾比例較其他鷹屬短，尾端稍圓。成鳥腹面爲密集橫紋。眉斑明顯。

飛行類似種：

北雀鷹體較細長，初級飛羽較尖長。鳳頭蒼鷹翼常下壓抖動，初級飛羽無小內凹，腹面無密集橫紋，無眉斑，尾端較不圓，常見擬白腰。蜂鷹頭部細長，翼寬廣，翼末端不尖。

棲息與分布狀況：

爲稀有過境鳥。曾於1991年起連續5年觀察到五月過境觀音山，數量雖少，過境卻很穩定。1994年3月出現於新竹縣新豐鄉。日據時期在台中曾有捕獲A.g.fujiyamae亞種的紀錄。

習性（繁殖地）：

多季生活於農耕地、河川及湖泊的岸邊、海邊等野生水鳥聚集之場所，常見其棲立於突出的樹枝等地方或在空中飛行。有時也會在城鎮市區公園中出現。

獵物種類：

以鳥類及鼠、松鼠及兔類爲主，而鳥類以雉類或斑鳩類較多。另外也曾發現捕食小型猛禽，如北雀鷹、角鴞類等。

獵食方式：

埋伏於樹上，等待獵物出現。攻擊地面上的獵物時，則由側面靠近，立起身體伸出腳爪攫住獵物。攻擊飛鳥時，由獵物下方靠近，然後仰起身體，伸出腳爪攫住獵物的腹面。抓住的獵物常帶到安全的場所處理進食，如果沒有被搶走的顧慮時，則在原地進食。

身體構造與獵食的關係：

翼後緣有圓突，可增加鼓翼飛行時的加速性。翼短圓，可在樹林中穿梭追擊獵物。背面暗褐色與樹林地面顏色接近，由上往下

飛行時，初級飛羽略有小內凹。（姜博仁攝）

看時具保護色胸腹部密佈斑紋，可增加隱密性。跗蹠及趾粗壯，可攻擊較大的獵物。趾下具肉球突起，可抓緊獵物。後趾發達，爪粗大彎曲銳利，可迅速殺死較大獵物。

求偶行為（繁殖地）：

先邊鼓翼邊滑翔地盤旋上升，到達相當高度後，雄鳥開始收縮雙翼俯衝，後又接著急速爬升，一直重複著。此時，常發出「喀、喀、喀、喀」的鳴叫聲。而雌鳥也會進行「展示飛行」，先以極小半徑鼓翼盤旋上升，之後做波浪狀飛行而逐漸下降，後再一次盤旋上升至數百公尺高空，接著收縮雙翼俯衝，直接衝進集附近樹林中。

築巢位置（繁殖地）：

靠近樹林邊緣，或是靠近樹林中間的開闊地，離地約7-20公尺的松樹類之粗枝上，由松枝或枯枝構成，直徑約60-75公分。有時會利用舊巢加以修補後使用，或佔用其他猛禽的集。

卵數：

2-4枚，以2卵較多，卵爲橢圓形，青色，具淡赤褐色或青灰色斑。

抱卵期：37-41日

離巢日數：35-45日

繁殖行為（繁殖地）：

繁殖於4月至7月，雄鳥負責獵食及守衛之工作。抱卵以雌鳥爲主，當雌鳥進食時由雄鳥幫忙。孵化7-10日內，雌鳥在巢中照顧，雄鳥攜回處理完的食物。以後雌鳥移至巢附近守護。孵出21日以後，雛鳥自己漸會進食，一個月後雌雄鳥將食物直接攜回巢中，雛鳥完全自己進食。幼鳥離巢後親鳥會繼續供應食物約1個月的時間，並訓練幼鳥獵食。

繁殖年齡：3年

◎亞種與分佈：(Howard ＆ Moore,1991)

A.g.gentilis：歐洲、亞洲西南部、摩洛哥

A.g.buteoides：斯勘地那維亞北部，俄羅斯北部

A.g.albidus：繁殖於西伯利亞東北部、中國大陸新疆、小興安嶺，
　　　　　　渡冬於中國南部及西南部。

A.g.arrigonii：科西嘉（Corse）、薩丁尼亞（Sardegna）（義大利）

A.g.schvedowi：蘇聯東南部到中國大陸西部

A.g.fujiyamae：繁殖於日本本州、北海道，渡冬於九州、四國，
　　　　　　冬季遷移南方，過境台灣。

A.g.atricapillus：美洲北部

A.g.laingi：英屬哥倫比亞群島

A.g.apache：美國東南部、墨西哥西北部

飛行時可見指狀分叉五根，圓突較小。
（姜博仁攝）

鷹鷹科　*Accipitridae*

CITES II非全球性瀕臨危機，屬台灣珍貴稀有保育類動物

日本松雀鷹

Accipiter gularis　　　Japanese Sparrowhawk　　　大陸：日本松雀鷹

W♂51.5〜♀62.5cm　　　L♂25〜27.5 cm♀28.5〜31.5cm　　　♂92〜142g♀192g

成鳥特徵：

　　頭部：雄鳥頭頂為暗鉛灰色，喉部有不明顯縱紋。雌鳥頭頂為暗褐色，喉部污白色底雜有細縱文。雄鳥眼睛虹膜為暗紅色，雌鳥為黃色，眼睛上方有白色細眉斑。**翼及背部**：雄鳥為暗鉛灰色，雌鳥為暗褐色。**胸腹部**：雄鳥為污白色底雜有不明顯的淡橙色橫紋，雌鳥污白色底雜有密集褐色細橫紋。**尾部**：雄鳥為暗鉛灰色，有三道黑色橫斑。雌鳥尾為暗褐色。**足部**：黃色。

幼鳥區別：

　　胸部為縱斑，腹部中間為點狀斑，頭部眉斑明顯，背面為褐

日本松雀鷹的最外側尾羽橫斑較內側密集。（黃光瀛攝）

色，各羽緣淡色。

雌雄區別：

雌鳥眼睛為黃色，腹面具明顯的褐色細橫紋。雄鳥眼睛虹膜為暗紅色，腹面有不明顯的橙色橫紋。

停棲辨識：

身體細長，頭部有細眉斑，體上面褐色，下面密佈橫斑或橙紅褐色，足部細長。

飛行辨識：

圓突較小，翼短圓，但末端微尖，初級飛羽處有小內凹。尾稍短，頭身比尾約四比三。雌鳥腹面密佈橫紋。

飛行類似種：

北雀鷹初級飛羽尖長又出明顯，翼稍長，頭身比尾約為一比一。台灣松雀鷹的翼圓突較大，末端較平，尾較長。鳳頭蒼鷹體較大，有擬白腰，翼較圓滑。赤腹鷹翼較尖，末端黑色。

棲息與分布狀況：

台灣不普遍之過境鳥及冬候鳥。渡冬於平地之樹林或防風林，及低海拔山區之疏林帶或空曠地。過境期出現於猛禽遷移的路徑上。常出現地如冬季於（金門）、罟寮、大肚溪口、鰲鼓。秋季過

雄鳥的腹部較橙紅色，斑紋不明顯。（粘國隆繪）

境於墾丁，春季過境於新竹縣新豐鄉、八卦山。

習性：

清晨即開始獵食，九時以後，若天氣良好，常短暫升空盤旋，此時易與其他猛禽發生爭鬥。下午以後，常隱密於樹林間。

獵物種類：

主要以小鳥類為主，次要為鼠類及昆蟲。

獵食方式：

棲立於隱密的枝頭上四處張望，如發現獵物出現則飛出加以追擊。也可以在空中襲擊獵物。襲擊獵物時，會將身體仰起，伸出細長的腳爪，將獵物攫住。另外也會攻擊地面上及棲停於枝頭上的小鳥或昆蟲。

身體構造與獵食的關係：

眼睛比例加大，可看清楚暗處的獵物。嘴短而勾，可增加咬合力量。翼圓突稍小，可增加飛行速度，適合生活於疏林帶。背面暗褐色與樹林地面顏色相近，形成望下看的保護色。體下面密佈橫紋，可增加隱密性。趾爪細長銳利，可輕易刺進獵物身體。跗蹠細長，可增加近身攻擊獵物的距離。中趾特長，可緊緊纏繞獵物。趾底有肉球突起，可增加抓住獵物時的摩擦力。體小型，可增加身體的靈活度，以獵取更靈活的獵物。

求偶行為（繁殖地）：

雌雄鳥一同於空中盤旋時，突然一起俯衝下降，之後又再繼續盤旋。另外雄鳥也會將獵物獻給雌鳥示好，當雌鳥進食時，則在一旁將翼張開，頭向上仰。

築巢位置（繁殖地）：

松樹及檜木等針葉樹離地5-25公尺處之樹枝或樹頂位置。巢的直徑大小為29-35公分，以松樹枝及其他細枝組成，內襯以新鮮的松樹枝及羽毛。

卵數：3-5卵，卵呈淺藍白色，雜有紫褐色斑點。

抱卵期間：25日左右

離巢日數：23-28日

繁殖行為（繁殖地）：

　　繁殖於五月至七月，抱卵以雌鳥為主，雄鳥運食物回來。在雌鳥進食或休息時才由雄鳥代抱。孵化一週內，雌鳥在巢中照顧。9-10日時，雌鳥移至巢附近看顧，仍由雄鳥運回食物在巢附近固定樹枝上交接。21日左右，雌鳥也外出獵食。幼鳥離巢後仍由親鳥供應食物約2週。

繁殖年齡：2年

◎亞種與分佈：（森岡等，1995）

A.g.sibiricus：繁殖於從西伯利亞南部到蒙古、中國東北、阿姆河、烏蘇里江、朝鮮半島，渡冬於中國南部和東南亞。

A.g.gularis：繁殖於庫頁島、日本北海道到沖繩本島，渡冬於中國西南、台灣、中南半島、馬來半島、菲律賓、蘇門答臘、爪哇、婆羅洲、西里伯。

A.g.iwasakii：日本琉球八重山群島的石垣島及西表島

翼下及腹面密佈橫斑，常隨著赤腹鷹南遷。（蕭慶亮攝）

鷲鷹科 日本松雀鷹

飛行時可見指狀分叉尖長，有六枚，
翼較其他鷹屬長，圓突小。

（粘國隆繪）

鷲鷹科　*Accipitridae*

CITES II 非全球性瀕臨危機，屬台灣珍貴稀有保育類動物

北雀鷹

Accipiter nisus　　　Eurasian Sparrowhawk　　　大陸：雀鷹

W ♂ 60.5～64cm，♀71.5～79cm

L ♂ 31～35cm ♀ 36～41cm　　♂ 130～170g ♀ 190～300g

成鳥特徵：

　　頭部：雄鳥頭頂為鉛灰色，雌鳥為暗褐色，有不明顯白色細眉斑，頰及喉部白灰色底有細縱斑，**翼及背部**：雄鳥為鉛灰色，雌鳥為暗褐色。**胸腹部**：雄鳥為白灰色底有許多不明顯橙色橫紋，雌鳥白灰色底有許多褐色明顯細橫紋。**尾部**：尾下覆羽白色，尾羽有四條不明顯橫紋。**足部**：黃色，跗蹠及趾細長。

幼鳥特徵：

　　幼鳥胸部為點狀斑或縱斑，背部及覆羽之各羽羽緣較淡色。

鷹鷹科 北雀鷹

雌亞成鳥，腹面的縱斑正換成褐色細橫斑。（陳加盛攝）

辨識特徵：

頭部有眉斑，身體細長，雌鳥腹面密佈橫斑，尾長。

雌雄辨別：

雄鳥背面爲鉛灰色，腹面斑紋爲橙色。雌鳥體較大，背面爲暗褐色，腹面斑紋爲褐色，較明顯密集。

停棲辨識：

身體細長，比松雀鷹大，但比鳳頭蒼鷹小，頭部有細眉斑，體上面暗褐色，下面密佈橫斑或橙紅色，足部細長。

飛行辨識：

翼短圓型，初級飛羽尖長叉出明顯且稍微後掠，指狀分叉有六根，翼後緣圓突較小，初級飛羽有小內凹。尾與頭身幾乎等長。

飛行類似種：

日本松雀鷹體型較小，初級飛羽末端稍尖，腹面橫紋不如北雀鷹多。台灣松雀鷹翼較短且圓突明顯，初級飛羽不尖長，胸部爲縱斑。鳳頭蒼鷹翼短圓且較圓滑，初級飛羽無內凹，尾部比例較短，胸部有縱斑。赤腹鷹翼較尖，末端黑色。

棲息與分布狀況：

爲稀有的過境鳥及冬候鳥。春秋過境期及渡冬出現於低海拔山區空曠地、林緣、有防風林的農地等環境。常出現地爲觀音山、陽明山、新竹縣義興村、墾丁。也曾發現於埔里、八卦山。猛禽遷移的主要路徑上皆有可能發現。

習性：

清晨蟄伏於樹林邊緣或隱密處，遇鳥類飛過，則衝出追擊。九時起至中午階段，如遇天氣良好，則短暫起飛盤旋。黃昏前，常再進行獵食。攻擊性強，飛行靈活，常與其他猛禽發生空中爭鬥。

獵物種類：

主要以小鳥類爲主，次要是小型哺乳類和爬蟲類。能攻擊比自己大數倍的獵物。

身體及腳、趾均細長，雄鳥腹面為橙紅色，以攻擊小鳥為主。（粘國隆繪）

亞成鳥背面較褐色，頭部淡色縱紋較多。（陳加盛攝）

雌鳥腹面密佈橫斑，有細緻羽軸紋交錯，體型較雄鳥大。（粘國隆繪）

獵食方式：

棲立於枝頭上，如遇飛鳥經過或從地面上起飛，則迅速飛出追擊，接近獵物時，將雙爪伸出水平或由下方攻擊。有時會利用地形地物的隱蔽，低飛攻擊停棲鳥類。也會從高空俯衝攻擊飛鳥。

身體構造與獵食的關係：

翼短圓，適合穿梭於樹林間，或在林間追擊獵物。胸腹部密佈橫紋，是棲停在樹上濃密處時的良好偽裝。蹠蹠細長，可增加近身時的攻擊獵物距離。中趾特長，可緊緊纏繞小型獵物。腳趾底下具肉球突起，可以增加抓住獵物時的摩擦力。趾爪細長銳利彎曲，可輕易刺進獵物身體。

求偶行為（繁殖地）：

　　緩慢的直線飛行，白色尾下覆羽張開明顯。或著雄鳥做波浪狀飛行，及垂直俯衝及爬升。翼尾全張，小圈地盤旋，尾下覆羽也張開。

築巢位置（繁殖地）：

　　築於松樹或其他針葉樹接近樹頂的分叉處，巢成碟形，主要由枯枝構成，內襯有新鮮樹葉。巢區和巢樹均較固定，常多年利用。

卵數： 2–7枚，以3–4卵較多，成淺青色，無斑。

抱卵期： 31–35日

離巢日數： 24–30日

繁殖行為（繁殖地）：

　　繁殖於五月到7月，抱卵主要由雌鳥擔任，雌鳥外出時雄鳥才幫忙。雛鳥孵出後，雌鳥一直在巢中照顧，由雄鳥運回已拔毛及斷頭的食物，在巢附近交接，如雌鳥外出，則雄鳥直接進巢。二週以後，雌鳥在惡劣氣候才抱雛。雌鳥後來也外出獵食，但依據雄鳥獵食能力決定提早或延後。離巢後約20–30日才自立。

繁殖年齡： 2年

◎亞種及分佈：（Howard&Moore,1991）

A.n.nisus：歐洲到俄羅斯中部、伊朗

A.n.punicus：非洲北部

A.n.granti：非洲西北方之馬得拉及加那利群島

A.n.wolterstorffi：地中海之科西嘉及薩丁尼亞島

A.n.nisosimilis：繁殖於從伊朗北方到西伯利亞、中國西北及東北、日本，
　　　　　　　　渡冬於中國南方省份、印度半島、中南半島、馬來半島。
　　　　　　　　極少數渡冬於台灣。

A.n.melaschistos：西馬拉亞山到西藏東部、四川西部

鷹科 北雀鷹

秋季過境的亞成鳥比例相當高，繁殖相當成功。
（蕭慶亮攝）

鷲鷹科　*Accipitridae*
CITES II非全球性瀕臨危機，屬台灣珍貴稀有保育類動物

赤腹鷹

Accipiter soloensis　　Chinese Goshawk　　大陸：赤腹鷹

W♂60〜♀70cm　　L♂26.5〜28cm♀30〜36cm　　♂108〜♀132g

成鳥特徵：

　　頭部：頭頂為暗鉛灰色，雄鳥眼睛虹膜暗紅色，雌鳥為黃色。蠟膜略帶橙色。**翼及背部**：背部及翼為暗鉛灰色，但雄老鳥其背面灰色越明顯。**胸腹部**：腹面白灰色底，胸腹部帶有不明顯橙色橫紋。**尾部**：具4-5道橫斑，尾下覆羽白色。**足部**：腳略帶橙色，各腳趾及爪較其他同屬為短。

雄鳥背部暗鉛灰色，眼睛虹膜暗色，腳、趾均較其他鷹屬為短。（王健得攝）

赤腹鷹春秋過境期全省山區均可見到，常棲停於枯枝上。（蘇貴福攝）

幼鳥特徵：

　　幼鳥頭頂、背部及翼爲褐色，背及翼之各羽緣較淡色。腹面灰白色底，有喉中線，胸部淺赤褐色縱斑，腹部爲點狀斑或心型點狀斑，腹側爲粗橫斑。

雌雄辨別：

　　雄鳥虹膜爲暗紅色，雌鳥爲黃色。雌鳥的腹部較紅褐色。

雌鳥腹部橙紅褐色，過境時停棲於樹林突出枯枝上。
（王健得攝）

停棲辨識：

　　棲停時成鳥可見腹部爲紅褐色，腳稍微橙紅色。幼鳥似松雀鷹但腹部有心形斑，腳較短。

飛行辨識：

　　翼短稍尖，成鳥末端黑色明顯，幼鳥稍不明顯。翼下覆羽爲淺赤褐色，無斑紋。翼後緣無圓突。鼓翼甚迅速，滑翔時間短暫。

赤腹鷹蠟膜橙紅色，雄鳥眼睛暗色，常捕捉昆蟲。（林英典攝）

亞成鳥腹部有明顯心形點狀斑，翼上羽緣較淡色。（林英典攝）

雄鳥與雌鳥的大小接近，眼睛虹膜黃色。（林英典攝）

亞成鳥腹部有明顯縱斑，與雀鷹類幼鳥頗為相似。（蕭慶亮攝）

飛行類似種：

　　台灣松雀鷹翼短圓，翼下亦密佈斑紋。日本松雀鷹翼微尖，翼下覆羽密佈橫紋，圓突稍小，翼末端不為黑色。北雀鷹翼稍長，末端不為黑色。鳳頭蒼鷹較大，翼端較圓。灰面鵟鷹翼較長，末端不是黑色。灰面鵟鷹翼稍狹長，翼後緣平整，末端略尖，初級飛羽上面為赤褐色，

最佳觀察點：

　　秋季遷移為玉山山區、墾丁社頂地區、宜蘭、臺東。春季遷移為臺東、臺南縣山區、八卦山、大肚山、新竹市附近山區、觀音山、陽明山。

棲息與分布狀況：

　　普遍的春秋過境鳥，九月初起全省山區皆可發現其蹤影，中部塔塔加及神木附近溪谷，為部份族群過境之夜棲地。墾丁地區則為南遷之赤腹鷹的會集地，至九月中旬，每日可發現其不斷由鵝鑾鼻方向往北湧入，集結之後而大量通過社頂公園上空南飛，有時一天超過數千隻以上的數量。到十月中旬數量才明顯減少。春季遷移約從四月中旬開始時，全省大小山區皆可發現其蹤跡，曾於台南市發現上萬隻以上的數量通過往北飛，但較南遷時分散。

雄鳥飛行可見眼睛諧色，翼末端黑色，有時腹面較白。
（陳俊強攝）

雌鳥翼末端黑色稍尖，腹部較橙紅褐色。（陳俊強攝）

亞成鳥飛行時雙翼斑紋明顯，鼓翼迅速。（陳俊強攝）

雌鳥眼睛黃色，翼末端黑色，腹部很紅。（林英典攝）

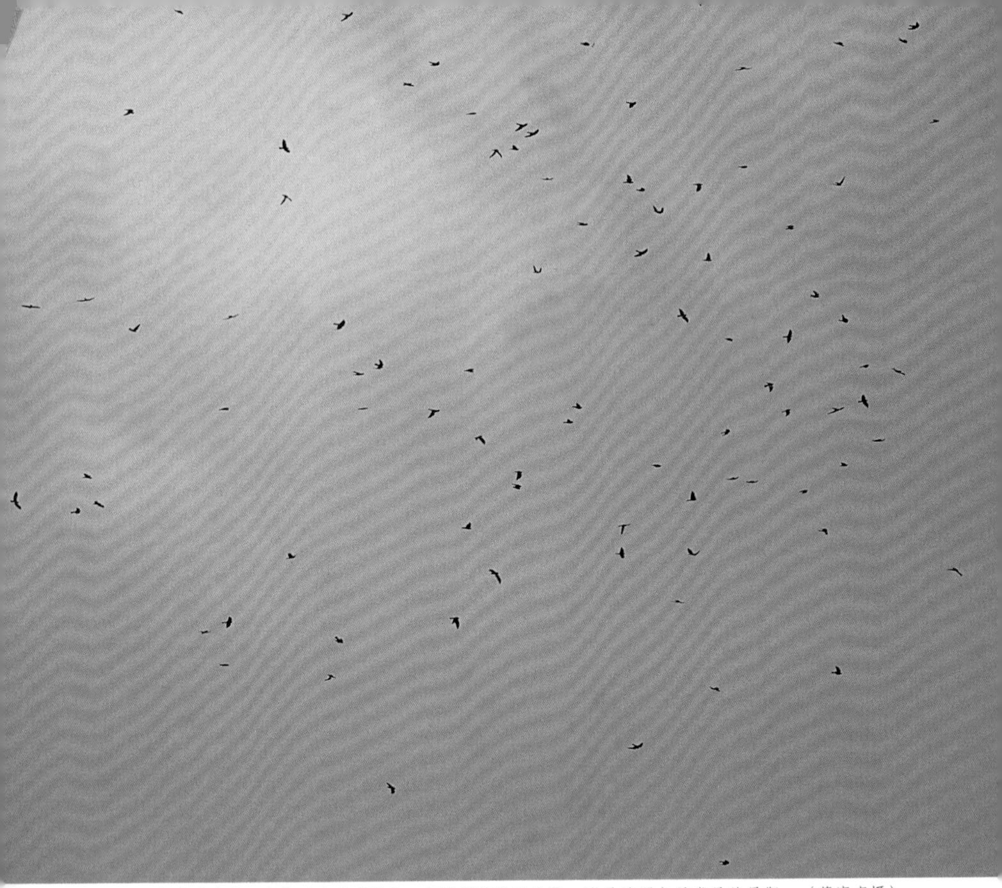

大群遷移時，集結時會形成鷹柱，但散開後隊伍分散，這是社頂九月常見的景觀。（蕭慶亮攝）

到五月中旬過後數量才減少。它們是台灣數量最龐大的過境猛禽，１９９５年秋季於墾丁統計估計超過十萬隻。繁殖於中國東北朝鮮半島、長江流域以南之中國大陸南方。渡冬於中南半島、馬來半島、印尼諸島、菲律賓、新幾內亞。

習性：

過境期間，天剛亮不久即見其在小徑邊緣或樹林地上覓食。繼續遷移者，則於剛露曙光不久，集結盤旋於高空，成龍捲風式飛行（或稱鷹柱），後散成一片集體朝同一方向飛行。若遇天氣不佳，則在樹林中活動，較少起飛。常於上午遷移，下午多棲於林中。

獵物種類：

以昆蟲、蜥蜴、及蛙類爲主，次要爲小型鳥類。

獵食方式：

常棲立於林緣空曠的突出樹枝上，俯視地面上獵物的行蹤，發現時則俯衝獵捕。有時邊飛邊巡視地面，或於空中追捕昆蟲。

身體構造與獵食的關係：

翼短而稍尖，圓突不明顯，飛行較省力，但靈活性較差，加速較慢，適於捕捉靈活性較差的獵物，生活於疏林地或空曠山區。跗趾細短，趾不發達，爪細小彎曲度不大，適合捕捉小型獵物，如昆蟲等。

求偶行為（繁殖地）：

雄鳥進行波浪狀的求偶飛行，有時急速俯衝達三十公尺以上。另外雄鳥也會以獵物向雌鳥示好，配對之後，就一起在繁殖地區上空盤旋。

築巢選擇（繁殖地）：

築巢於低海拔丘陵地之闊葉林、疏林帶或混交林，附近大多有水田等獵場。巢離地約十公尺左右，成盤狀，由枯枝組成。有時也會利用喜鵲的舊巢。

卵數：

2-5枚，以3-4卵較多，卵呈橢圓形，淡青白色，具不明顯褐色斑。

抱卵日數： 20-30日

離巢日數： 17-23日

繁殖行為：

繁殖於5月至7月，與其他鷹屬的鳥不同處爲雌雄共通分擔抱卵，哺育雛鳥的任務。

繁殖年齡： 約2年

◎亞種與分布：單一種，未發現亞種。

亞成鳥雙翼略尖，末端黑色，翼下覆羽無斑。（林英典攝）

飛行時可見身體較粗壯，雙翼圓滑。
（蕭慶亮攝）

鷲鷹科　*Accipitridae*
CITES II非全球性瀕臨危機，屬台灣珍貴稀有保育類動物

鳳頭蒼鷹

Accipiter trivergatus　　Asian Crested Goshawk

俗名：粉鳥鷹　　大陸：鳳頭鷹

W♂70cm♀90cm　　L♂41～43cm♀45～48cm　　♂360g♀600g

成鳥特徵：

頭部：頭頂及頰為鼠灰色具冠羽，喉部白色底有粗喉中線。**翼及背部**：背部鼠灰色，翼暗褐色。**胸腹部**：胸部為白色底有赤褐色縱斑，腹部為白色底有赤褐色橫斑，橫斑邊緣有細黑色線。**尾部**：尾有四條橫紋，尾下覆羽白色特長。**足部**：黃色，跗蹠及各趾粗壯。

幼鳥特徵：

幼鳥背及翼為淡褐色，各羽緣較淡色。腹部為縱斑。眼睛虹膜

為淡褐色。

停棲辨識：

棲停時背部彎曲隆起，頭頂的小冠羽
有時立起清晰可見，尾下覆羽蓬鬆純白。

雌雄辨別：

雌鳥體型較大，翼後緣圓突大而明顯。雄鳥
體型較小，翼後緣圓突也較小，尾下覆羽白色較長。

飛行辨認：

尾下覆羽較長，飛行時常見腰兩邊白色。翼常下壓抖動，有宣
示領域作用。翼短圓，後緣圓滑，初級飛羽無內凹。頭身比尾約
為四比三。

飛行相似種：

北雀鷹圓突較小，初級飛羽尖長有內凹，尾長。台灣松雀鷹初
級飛羽有內凹，尾較長且常張開。日本松雀鷹圓突小，翼微尖，
體較小型。蒼鷹體較大型，初級飛羽有內凹。灰面鵟鷹翼較狹長
而尖。赤腹鷹翼末端為黑色，翼稍尖。

胸腹部較紅褐色，各斑紋有黑邊。（梁皆得攝）

鳳頭蒼鷹背面，頭頂略可見小羽冠。（蕭慶亮攝）

棲息與分布狀況：

　　台灣普遍之留鳥，出現於山腳至低中海拔的闊葉林或開墾區，較少出現於針葉林區。有時出現於市區之公園及樹林區，如台北植物園。

習性：

　　天剛亮不久，起即埋伏於樹林隱密處，伺機獵食。上午約九時後，如果天氣良好，會飛出於空中盤旋，巡視領域。有時則棲立於枯枝上，整理羽毛或日光浴。下午大多隱藏於樹林中。黃昏時，有時再度見其獵食。本種對於同種猛禽攻擊性稍強，表現出防衛領域的行為，但對其他種猛禽的攻擊性較弱。

獵物種類：

　　以鳥類、鼠類或松鼠類、蜥蜴為主，次要為蛙類及昆蟲。其獵

雄鳥停棲在巢附近制高點警戒四周。（蕭慶亮攝）

物範圍相當大，綠簑鷺、夜鷺及赤腹鷹皆可為其獵物。另外也會尋找他種鳥的鳥巢，捕捉雛鳥，曾發現攻擊藍鵲鳥巢中的雛鳥，也曾發現受傷之鳥捕食溪蟹。

獵食方式：

　　身手極為矯健，可以收縮單

鳳頭蒼鷹喜棲停於山黃麻的橫枝上，
伺機攻擊路過的獵物。（蕭慶亮攝）

剛飽食白耳畫眉的雌鳥，在樹上休息。
（蕭慶亮攝）

抱卵的責任由雌鳥負責。（梁皆得攝）

或雙翼，如鑽洞般穿越樹林的障礙，攻擊密林之中的獵物。常埋伏於林緣隱密處，如果有獵物經過，則飛出突擊。有時會選擇在河川邊緣樹林，伺機攻擊溪流鳥類。林道或山中小徑邊緣亦是其常選擇的獵場，常攻擊於地面活動的鳥類，如虎鶇等。於空中直接追擊獵物的情形較少發生。

身體構造與獵食的關係：

翼後緣圓突大，可增加鼓翼飛行時的加速性。翼短圓，可在樹林中穿梭追擊獵物。背面暗褐色與樹林地面顏色接近，由上往下看時具保護色胸腹部密佈斑紋，可增加隱密性。尾長可迅速變換飛行方向。蹠蹺及趾粗壯，可攻擊較大的獵物。趾下具肉球突起，可抓緊獵物。後趾發達，爪粗大彎曲銳利，可迅速殺死較大獵物。

求偶行為：

雌雄盤旋於空中，雄鳥緊跟於雌鳥旁邊，然後鼓翼加速對雌鳥模擬攻擊。求偶約在一月至三月初進行。

築巢位置：

巢築於山腰之樹林，位於接近樹頂或稍下方之濃密的樹枝分叉處，以枯枝組成，內襯新鮮樹葉。巢上有樹葉遮蓋，周遭較空曠，以方便其進出。若在開墾區，常選擇山谷樹較密集且人類干擾較少之處。

卵數： 2卵

抱卵期： 約38日

雌鳥將雄鳥攜回的獵物餵給雛鳥。（梁皆得攝）

台灣賞鷹圖鑑

雛鳥稍大時，會站立巢邊準備飛出獵食（梁皆得攝）

雛鳥靜靜地等候親鳥將食物攜回，
此階段成長最迅速，所需的食物也最多。
（江明亮攝）

雛鳥離巢以後，就要學習自立了，
這隻幼鳥成功地捕獲一隻紅冠水雞。（周大慶攝）

飛行時可以見到明顯的「擬白腰」—尾下覆羽吹上來的。（梁皆得攝）

幼鳥尾羽顯得較長，飛行時常打開，與台灣松雀鷹極為類似。（蕭慶亮攝）

離巢日數：48日左右

繁殖行為：

　繁殖於3月至7月，在抱卵及育雛期間，雄鳥負有供應食物及警戒的任務。雄鳥捕捉到獵物，會先拔毛處理，再攜回至巢附近鳴叫。雌鳥聞聲隨即外出接應食物回巢。雄鳥也擔任守衛的任務，常停在巢附近枯枝上警戒。若有其他猛禽、鴉科或貓狗經過時，則飛出加以驅趕。當幼鳥羽毛豐滿時，雌鳥也外出獵食。親鳥僅將將獵物帶回丟於巢中，隨即離開。幼鳥離巢後仍居於巢附近，由親鳥供應食物及教導獵食技巧至能自行獵食為。由於具有領域性的關係，自立後的幼鳥將被親鳥驅逐，另覓居處。

可繁殖年齡：推測約2-3年

◎亞種與分佈：（Howard & Moore,1991）

A.t.formose：台灣

A.t.peninsulae：印度西南部

A.t.layardi：斯里蘭卡

A.t.indicus：印度東北部到中國南部，馬來西亞

A.t.trivirgatus：蘇門答臘

A.t.niasensis：尼亞斯島（Nias）、（印尼）

A.t.javanicus：爪哇

A.t.microstictus：婆羅洲

A.t.palawanus：巴拉望島（Palawan）、
　　　　　　　　卡拉綿群島（Calamian is）（菲律賓）

A.t.castroi：波利略群島（Polillo is.）（菲律賓）

A.t.extimus ：內格羅島（Negro）、薩馬島（Samar）、
　　　　　　　雷依泰島（Leyte）、民答那峨（Mindanao）、（菲律賓）

雙翼圓滑無內凹，圓突明顯。（蕭慶亮攝）

飛行時，可見初級飛羽有
小內凹。 （蕭慶亮攝）

鷲鷹科　*Accipitridae*
CITES II非全球性瀕臨絕種，屬台灣珍貴稀有保育類動物

台灣松雀鷹

Accipiter virgatus　　Besra Sparrowhawk

俗名：斑甲鷹　　大陸：松雀鷹

W♂50cm♀68cm　　L♂28～30cm♀33～37cm　　♂130g♀211～240g

成鳥特徵：

　　頭部：雄鳥頭頂為暗灰色，雌鳥為暗褐色，嘴極短而勾，眼睛虹膜雄鳥為橙黃色，雌鳥為黃色，雌雄鳥喉部皆有喉中線。**翼及背部**：雄鳥為暗灰褐色，雌鳥為暗灰色。**胸腹部**：雄鳥胸部為赤褐色縱斑，腹部為污白色底有赤褐色橫紋。雌鳥腹面為污白色底，胸部為暗褐色縱紋，腹部為暗褐色橫紋。**尾部**：最外側尾羽橫紋較多而細，其餘內側有四道橫斑。**足部**：黃色，跗蹠及趾細長。

台灣松雀鷹跗蹠及趾均長，趾下有肉球突起，（黃光瀛攝）

雌鳥體型比雄鳥大，腹部底色較污白，斑紋無黑邊。（梁皆得攝）

幼鳥特徵：

頭及背面為褐色，背部及翼上覆羽各羽緣淡色。腹面全為縱斑。眼睛虹膜為淡灰褐色。

雌雄辨別：

雄鳥年齡愈大，頭及背部越鼠灰色。通常雄鳥頭部或頭背部較暗灰色，腹面之斑紋較紅褐色而模糊，體型較小。雌鳥頭部及背面為暗褐色，腹面斑紋為暗褐色且清楚。

停棲辨識：

棲停時較直立，嘴極短，頭部無眉斑。跗蹠細長，中趾特長，趾爪彎曲細長。

飛行辨識：

翼短圓，初級飛羽後緣有明顯內凹（第五及第六根初級飛羽長度差異大形成），次級飛羽後緣圓突大而明顯。尾長約佔身長一半，尾羽常張開飛行。

飛行相似種：

日本松雀鷹翼較尖，圓突較小，胸部密佈橫紋，尾比例較短。

一巢約4-5卵，巢內常襯著新鮮樹葉。
（梁皆得攝）

赤腹鷹成鳥翼尖，而末端黑色，幼鳥翼下覆羽無斑紋。鳳頭蒼鷹尾下覆羽特長，有明顯擬白腰，翼常下壓抖動，初級飛羽後緣較圓滑，無內凹，頭身比尾約為四比三。北雀鷹翼展較長，初級飛羽尖長，圓突小，腹面密佈橫紋。

棲息與分布狀況：

台灣不普遍之留鳥。出現於山腳附近平原、防風林到低中海拔山區針闊葉林，或開墾區。

習性：

天剛亮時，即開始在樹林間獵食。上午如天氣晴朗，常短暫飛出盤旋，但盤旋時間甚為短暫，往往少於五分鐘。也常棲停於醒目的枯枝上，整理羽毛或日光浴。下午常隱密於林間，不易見到。領域性及攻擊極強，常於空中俯衝攻擊其他猛禽或鴉科鳥類。出現時，常發出尖銳的「救—、救、救、救、救」鳴聲，可能有宣示領域的意味。

獵物種類：

以小型鳥類為主食，次要為鼠類、小型爬蟲類及昆蟲。可攻擊與本身一樣或比自己稍大的獵物，如家鴿。有時也會獵捕他種鳥類之雛鳥，如鷹鵑。

獵食方式：

身手矯健，可攻擊密林中的獵物。常隱藏於樹林間，遇獵物經過則突然飛出加以攻擊。若獵物脫逃時，則繼續在後直追。另也會攻擊棲停於枝頭的鳥類，如五色鳥。

剛孵出時，全身披著白絨毛。（江明亮攝）

雛鳥成長十分迅速，約7日齡。（梁皆得攝）

雌鳥將獵物撕開餵給雛鳥。（艾台霖攝）

約18日齡，羽毛漸長出，所需的食物也越來越多。（黃光瀛攝）　　　　約20日齡，雛鳥將巢擠得滿滿的。（艾台霖攝）

身體構造與獵食的關係：

翼短圓形，圓突明顯，可在樹林間穿梭快速追擊獵物。短嘴，可輕易咬碎獵物骨頭。眼球比例大，可增加眼睛的進光量，看清楚暗處的獵物及在清晨或黃昏獵食。胸腹部密佈的斑紋可提供棲停在樹上時的良好偽裝。背面暗褐色，由上往下看時與樹林地面落葉的顏色一樣，爲良好保護色。跗蹠細長，可增加短距離攻擊時的距離，增加抓住獵物機率。中趾特長，可緊緊纏繞小動物，使小動物不易脫逃。趾爪細長彎曲銳利，可輕易刺進獵物身體。趾底有肉球突起，可增加抓住獵物時的摩擦力。

求偶行為：

雄鳥在空中進行波浪狀飛行，有時在樹林間飛近雌鳥，若雌鳥飛離，則再次靠近追逐。這時，常發出「救—、救、救、救」的尖銳鳴聲。求偶於一至三月。

築巢位置：

築巢於山腰濃密樹林的闊葉樹上，巢位靠近樹頂，以細枯枝組成，內襯有樹葉。巢上有樹葉遮蓋，周遭爲較疏的出入口。

卵數：3-5卵較多，卵呈白色有污斑

抱卵期：約28日

離巢日數：21日-32日，雄鳥比雌鳥先離巢。

約22日齡，雌鳥在巢中照料雛鳥。（林英典攝）

約30日齡，羽翼已豐滿，接近離巢階段。（艾台霖攝）

繁殖方式：

　　繁殖於三月至七月，孵卵及幼雛尚小期間，雄鳥負責外出覓食，主要由雌鳥照顧。雄鳥捕獲獵物則攜回已拔毛處理的食物至巢附近鳴叫，由雌鳥飛出巢中接回雄鳥攜回的食物哺餵雛鳥。當雛鳥羽毛豐滿後，雌鳥才會外出獵食。雄鳥幾乎不進巢中，有人推測是怕被雌鳥所傷害之故。幼鳥離巢自立後，仍停留在巢附近由親鳥供應食物及教導獵食技巧，約兩個月之後才自立覓食，親鳥不久就會將它們驅離出領域範圍之外。繁殖期間領域性極強烈，常於空中攻擊其他猛禽及鴉科鳥類。

離巢前，先跳到巢樹附近枝頭。
（梁皆得攝）

鷹科 台灣松雀鷹

離巢後，必須學會捕食獵物才算自立。（梁皆得攝）

盤旋時尾羽常張開。（蕭慶亮攝）

尾羽稍長，盤旋的時間不會持久。（蕭慶亮攝）

可繁殖年齡：約2年

◎亞種及分佈：（Howard & Moore,1991）

A.v.affinis：喜馬拉亞山西部到中國大陸西部及南部、台灣、印尼

A.v.besra：印度南部、斯里蘭卡、安達曼群島（Andaman is）（印度）

A.v.confusus：菲律賓群島

A.v.quagga：雷依泰島（菲律賓）

A.v.rufotibialis：婆羅洲北部

A.v.vanbemmeli：蘇門答臘

A.v.virgutus：爪哇

A.v.quinquefasciatus：佛羅里斯島（Flores）（印尼）

CITES Ⅰ易瀕臨危機，ICBP列入世界瀕臨絕種鳥類紅皮書，
屬台灣珍貴稀有保育類動物

禿鷲

Aegypius monachus　　Monk vulture　　大陸：禿鷹

W♂250〜♀295cm　　L♂100〜♀110cm　　♂5750〜8500g♀6000g〜12500g

成鳥特徵：

頭部：頭頂被絨毛，嘴灰黑色，基部
及蠟膜為鉛灰色。頸長，有如領巾似的黑
褐色領叢，下部皮膚裸出。**翼及背部**：黑
褐色。**胸腹部**：黑褐色。**足部**：為鉛灰
色，趾爪彎曲度小，抓力甚小。

幼鳥特徵：

成鳥蠟膜及嘴基部鉛灰色，幼鳥粉紅
色。

雌雄辨別：

雌雄羽色一致，雌體重略大。

停棲特徵：

全身黑褐色，頭小頸長，體大尾短，
棲停於地面或突出物，身體挺直。

飛行辨識：

飛行時，頭部收縮成三角形，背部隆
起。翼極寬長，基部較寬，尾短。翼尾後
緣每根羽毛成尖型。

飛行相似種：

林鵰翼基部較窄，尾較長。花鵰、白
肩鵰頭部比例較大，翼尾後緣羽毛非尖
型，體較小。

飛行時雙翼寬長，略有圓弧，
翼後飛羽及尾羽皆分叉。（蕭慶亮攝）

雙翼太長，起飛略有不便，十分費力。飛行時背部隆起。（蕭慶亮攝）

低頭時可發現頸部無毛。（蕭慶亮攝）

棲息與分布狀況：

　　列爲稀有冬候鳥。1970年以前僅五次記錄，較近的記錄爲1980年出現於彰化北斗，1994年2月出現於集集，1995年4月出現於水里，1996年1月出現於彰化田中，被捕獲野放之後，出現於雲林縣濁水溪旁。以上四地皆爲濁水溪旁。另外1994年4月出現於基隆，1995年12月出現於墾丁。繁殖於西班牙、中東、中國大陸中北部、蒙古、長白山。亞洲族群渡冬於印度中部、中國大陸中南部、朝鮮半島。偶爾渡冬於香港、大陸東南沿海、台灣、日本。

習性（1994年集集的觀察）：

　　在晴天時，於上午九時至十一時間出現於寬廣河床停留數小時，中午起則盤旋於高空至黃昏，活動範圍甚可超過三十公里。曾觀察於河床上覓食動物死屍，夜棲於懸崖之樹上。一般而言，除飢餓難耐之外，甚少攻擊活動物。在大陸北方主要棲息於低海拔丘陵、高山荒原、森林中的荒原草地、山谷溪流和林緣地帶，常單獨活動，只有在食物豐富的地方成小群活動。

獵物種類：

　　主要爲動物死屍、弱小動物，次爲兩棲、爬蟲或鳥類、禽畜。

獵食方式：

　　單獨或成對於高空盤旋，以視力尋找動物死屍。也常觀察烏鴉或他種禿鷲屬的鳥的行爲，如有從空中俯衝的情形，即跟隨而至，靠此尋獲動物屍體。（美洲鷲科可靠嗅覺尋獲死屍）

頭部長有絨毛，全身黑褐色，體型巨大，身長超過一公尺。（蕭慶亮攝）

停佇上灘上曬翅膀時間，在上午十時之前不難發現，一到接近時較低。（蕭慶亮攝）

身體特徵與獵食的關係：

上嘴粗大，以撕咬大型哺乳類的厚皮及肌肉。雙翼十分寬長，可在空中持久飛行覓食。跗蹠及趾粗壯，爪彎曲度小。較少捕食活動物。因不須靈活變換方向，故尾短。

巨嘴鴉緊追在後，咬住飛羽，但禿鷲不為所擾。（蕭慶亮攝）

求偶行為（繁殖地）：

在空中上下對抓腳趾旋轉。

築巢位置（繁殖地）：

巢多築在樹上，也有利用高原懸崖或地面，巢成盤狀，由枯樹枝組成，內面有草、樹葉、棉和毛，可以利用很多年。

卵數：1卵，卵呈污白色，具紅褐色條紋或斑點。

抱卵期：50-55日

離巢日數：90-150天

繁殖行為（繁殖地）：

繁殖於3月至5月，抱卵由雌雄鳥分擔。雛鳥孵出後，由雌雄鳥反芻動物的屍肉以嘴對嘴餵雛鳥。幼鳥離巢後，約1-2個月還留在巢附近。

繁殖年齡：5-6年

◎亞種與分布：
單一種，未發現亞種。

飛行時可見翼寬長，尾短，可長時間盤旋。（粘國隆繪）

鷲鷹科　*Accipitridae*

CITES II非全球性瀕臨危機。屬台灣珍貴稀有保育類動物

花鵰

Aquila clanga　　Greater Spotted Eagle　　大陸：烏鵰

W♂158～♀182cm　　L♂61～♀74cm(雄亦可達70cm)　　♂1310～♀2560g

成鳥特徵：

　　頭部：頭部各羽較尖長，黑褐色，蠟膜黃色。**翼及背部**：大致為黑褐色，翼下飛羽基部有些淡白色。**胸腹部**：黑褐色，脛羽為淡黃褐色。**尾部**：尾短無斑紋，張開為圓形，尾上下覆羽淡黃褐色。**足部**：趾黃色。

幼鳥特徵：

　　幼鳥之背部及翼上覆羽有淡黃褐色羽斑，且羽緣亦為淡黃褐色。

雌雄辨別：

　　雌雄羽色相近，但一般雌鳥稍大於雄鳥，也有雄鳥甚大的情形。

停棲辨識：

　　全身黑褐色或佈滿斑點，頭小體大尾短，肩上無明顯白毛，可能棲停於地面突出處。

飛行辨識：

　　翼下飛羽基部較淡白。尾短而圓。翼寬長，末端較圓，後緣稍有弧度，較不平整。幼鳥體上面有許多淡色斑點。

飛行相似種：

　　林鵰翼之基部較末端窄，尾較長而方，上有許多不明顯橫紋。白肩鵰幼鳥體下面形成黃褐色的三角形區域，成鳥、幼鳥後頭部份亦為黃褐色，其翼較接近長方形。白尾海鵰成鳥尾白色，幼鳥體下面有許多不規則白色斑點。禿鷲頭部較小，翼後緣各羽分叉，翼非長方形。

棲息與分布狀態：

　　為台灣稀有冬候鳥及過境鳥。出現於平地鳥類繁多的平原、農耕地或濕地，過境期會出現於山區猛禽遷移路徑。繁殖於歐洲東

花雕成鳥腰部淡色，常棲停於地面突出處。（粘國隆繪）

鷲鷹科 花鵰

部到亞洲東部的帶狀區域，冬季歐洲的族群移棲到非洲北部，中亞的族群移棲到印度半島北部及中東，西伯利亞及中國東北的族群移棲至中國大陸東南部、台灣、中南半島。出現於台灣者，以幼鳥較多。渡冬以鰲鼓、宜蘭較常見，過境時曾見於觀音山、新竹山區、南部山區或其他猛禽遷移路徑上。

習性：

上午上升氣流出現後，起飛盤旋覓食。有時棲停於樹上或柱子上等待獵物出現。

花雕亞成鳥翼及背上有淡色斑點，頭小尾短。（粘國隆繪）

獵物種類：

以囓齒類為主，次為鳥類及爬蟲類。

獵食方式：

有時棲停於高處四處張望，發現獵物出現則飛出捕捉。於空中盤旋時，發現獵物則迅速俯衝捕捉獵物。鵰屬（Aquila）猛禽俯衝捕捉獵物時角度較小，俯衝距離長，會利用地形地物、逆光的掩蔽及由獵物背面攻擊，並隨著獵物的移動修正路線，以提高攻擊成功率。捕獲獵物時，則張開雙翼掩蓋獵物（日行性猛禽的共通行為），就地進食。

身體構造與獵食的關係：

上嘴較厚，可撕裂較大的肉塊。跗蹠短壯，適於攻擊地面上的獵物。翼寬長，適合於空中長時間盤旋覓食。跗蹠上密生羽毛，有偽裝及保護作用。尾短，可減低風的阻力，節省體力的消耗，且停棲於地面時較不會沾染髒污，於地面攻擊的獵物時，較不易受到尾部的阻礙。

求偶行為（繁殖地）：

回到繁殖地之後，開始求偶。雌雄鳥起飛盤旋上升之後，雄鳥

成鳥全身黑褐色，生活於空曠地帶。（王健得攝）

飛至雌鳥上方，然後收縮雙翼，對著雌鳥俯衝「模擬攻擊」。

築巢位置（繁殖地）：

巢築於湖泊、濕地、草原或河谷附近的森林，位於離地約8-20公尺的樹上。沿用舊巢的情形相當多，僅加以修補。巢以枯樹枝組成，內襯有小樹枝及樹葉。

卵數： 1-3卵，2卵較多，卵呈白色有紅褐色斑點。

抱卵期： 42-44日

離巢日數： 60-65日

繁殖行為（繁殖地）：

繁殖於五月至七月，抱卵可能由雌鳥擔任。先孵出的雛鳥常會攻擊慢孵出的，因此常只一隻存活離巢。雛鳥較大時育雛由雌雄共同擔任。

繁殖年齡： 約4年

◎亞種與分布：

單一種，未發現其他亞種

亞成鳥飛行時可見其翼下及腹面較淡色，尾短，翼寬長。

（黃光瀛攝）

鷲鷹科　*Accipitridae*

CITES Ⅰ稀有級。

ICBP列入世界瀕臨絕種鳥類紅皮書，屬台灣珍貴稀有保育類動物

白肩鵰

Aquila heliaca　　Imperial Eagle　　大陸：白肩鵰

W♂190～♀211cm　　L♂73～♀83cm(雄亦可達83cm)　　♂2500～♀4530g

成鳥特徵：

　　頭部：頭頂及後頸為黃褐色，蠟膜為黃色。**翼及背部**：除肩羽部份白色外，餘為黑褐色。**胸腹部**：大致為黑褐色。**尾部**：尾為灰褐色，末端有一較寬黑橫斑，中間有約七、八條不明顯橫斑。尾下覆羽為淡褐色。**足部**：趾為黃色。

幼鳥特徵：

　　幼鳥體色大致為黃褐色，密佈淡色斑。

雌雄辨別：

　　雌雄體色相同，但雌鳥的平均身長稍大於雄鳥。

停棲辨識：

　　體褐色，肩部有白羽，頭小體大尾短，常棲停於地面突出處。

飛行辨識：

翼寬長，較長方形，初級及次級飛羽為黑褐色。成鳥下面幾乎全黑，頭上部黃褐色。幼鳥體下面形成三角形黃褐色區域。幼鳥及成鳥的尾部皆有許多不明顯橫紋。

飛行相似種：

花鵰的翼末端較圓，後緣稍有弧度，尾較短圓無橫紋。頭部黑褐色。林鵰翼基部狹窄，尾較長，常出現於原始林。白尾海鵰幼鳥體下面有許多白斑點。

棲息與分布狀況：

為台灣迷鳥。1989年以前於高雄發現，1989年2月於新竹港南發現三次(疑同一隻)，1993年4月出現於陽明山，1994年3月出現於新竹縣新豐鄉，1995 年5月出現於觀音山，1995年10月出現於墾丁，1995年11月出現於鰲鼓。冬季生活於平原空曠地或濕地，過境期可能出現於猛禽遷移路徑，如八卦山、觀音山、新竹義興村、墾丁。

習性：

天氣良好氣流旺盛時時，則起飛盤旋，但一日之中大半停棲於樹上、柱子、或其他突出體上。

獵物種類：

主要為囓齒類(鼠及野兔)及中型鳥類(如雁鴨科、鴉科、秧雞科、雉雞)，偶而會食腐肉及攻擊如澤鵟屬、小型隼科或鴟鴞科等猛禽。

獵食方式：

於空中鼓翼前進或盤旋時，頭部向下搜尋地面上的獵物，發現時隨即俯衝捕捉。另外也常棲停在突出物上等待獵物出現，發現時則起飛追擊捕捉。

白肩鵰頸後羽較尖，嘴部巨大銳利，可以撕裂大動物的皮肉。(蕭慶亮攝)

跗蹠密生羽毛，有保護作用，腳爪十分強壯銳利，可輕易殺死小動物。（蕭慶亮攝）

身體構造與獵食的關係：

上嘴堅厚，可撕裂較韌之肉塊。翼寬長，適於空中長時間盤旋
覓食。跗蹠短壯，適於攻擊地面上之獵物，跗蹠密生羽毛，有偽
裝及保護不備獵物咬傷的作用。尾短，可減低空氣阻力，節省體
力，適於長時間盤旋，停棲地面時較不會沾汙，在攻擊地面的獵
物時，較不易構成阻礙。

求偶行為（繁殖地）：

雌雄一起盤旋。有時於空中上下分開，在上者(可能爲雄鳥)俯
衝對下方者模擬攻擊，下方者反轉身體，兩者的爪互相抓住，於
空中旋轉身體下降，將至地面時爪分開急速上升。有時做波浪狀
飛行。

築巢位置（繁殖地）：

築巢於平地樹林，或是靠近濕地、草地或農耕地的山谷森林。
巢位於離地10-25公尺的樹上粗枝分叉處，較少築於斷崖。巢以枯
樹枝組成，內襯以細枝、獸毛、枯草莖、草葉。直徑大小爲1-1.5

體褐色，尾短，肩上長有白色羽毛是其特徵，數量稀少。（蕭慶亮攝）

公尺。

卵數：1-4卵，2-3卵較多，卵呈白色。

抱卵期：43-45日

離巢日數：55-77日

繁殖行為（繁殖地）：

　　繁殖於四月至六月，抱卵主要由雌鳥負責，雄鳥較少參與。育雛期由雄鳥將食物帶回，在巢附近交接。曾觀察到雌鳥不在時，雄鳥攜食物回來，卻又離去，並不入巢育雛。雛鳥較大時，雌鳥也會外出獵食。其雛鳥之間較不互鬥，故常有兩隻成長離巢（花雕的雛鳥常互鬥相殘）。

繁殖年齡：約6年

◎亞種與分佈：（Howard&Moore,1991）

A.h.adalberti：西班牙（另有學者認為是不同種）

A.h.heliaca：繁殖於希臘至西伯利亞貝加爾湖的帶狀區域，渡冬於北非、
　　　　　　　印度半島北部、中國大陸中部及東南沿海、香港。（台灣為迷鳥）

飛行時可見翼末端黑色，出現於空曠地區。
（王健得攝）

鷲鷹科　*Accipitridae*

CITES II非全球性瀕臨危機，屬台灣珍貴稀有保育類動物

鵟

Buteo buteo　　Eurasian Buzzard　　大陸：普通鵟

W ♂122～♀137cm　　L ♂51～♀59cm　　♂575～♀1070g

成鳥特徵：

頭部：頭部布滿褐色縱紋，喉部縱紋密集，眼睛虹膜爲暗色。
翼及背部：褐色，雜有白色羽斑。**胸腹部**：胸部縱紋較稀疏，下腹部及脥部斑塊密集，形成褐色斑帶。胸腹部底色爲淡白褐色。
尾部：褐色有密集不明顯橫紋。**足部**：淺黃色。

幼鳥特徵：

剛離巢幼鳥體色爲深褐色，腹面較褐色。虹膜爲黃褐色。第二年個體可能變成淺褐色。

體色大致為褐色，頭大嘴小，以捕食鼠類為主。（陳加盛攝）

雌雄辨別：

　　根據集中之觀察，雌鳥脛羽無細橫紋。雄鳥背面顏色稍暗，脛羽有密集橫紋。

停棲特徵：

　　頭大嘴小，體上面淺褐色，胸腹部羽色不一致，喜棲停於柱子上。

飛行辨識：

　　飛行盤旋時，尾羽常張開。常逆風定點飛行。翼寬型，末端黑色，翼下有明顯黑色斑塊。尾短，有不明顯密集橫紋。

飛行相似種：

　　大鵟翼上初級飛羽可見明顯白色斑塊，體較大型。毛足鵟之尾羽末端有一粗橫斑，羽色較白，對比鮮明。蜂鷹頭部細小而長，翼比鵟稍長，尾有明顯三條橫紋。

大鵟（B.hemilasius）常在鼠穴旁地面等待獵物出現。
繁殖於中國北部及西部，偶而渡冬於中國西南部。（陳加盛攝）

棲息與分布狀況：

為台灣不普遍之過境鳥、稀有冬候鳥，及稀有留鳥。出現於平原、草原、濕地、山區空曠地等。1991至1994年春於台灣北端皆看到鵟之築巢行為，但未見其繁殖成功。1995年首次見到其成功地孵出幼鳥。金門為普遍的冬候鳥。常出現於台灣北部金山、石門、東北角、田寮洋等濱海地區，春季遷移時觀音山、新竹新豐、八卦山、大肚山，秋季遷移時鰲鼓、中部空曠山區皆常見到。

習性：

在風力較小之日，從清晨起就棲立於空曠的獨立柱子或電桿上，注視四周的獵物。風力較強時，則在空曠地上方定點飛行，尋找獵物的蹤跡。

獵物種類：

以鼠類、蜥蜴為主，次要為中小鳥類、蛙類、昆蟲類、蛇。

獵食方式：

棲立於獨立高點或定點飛行覓食，發現獵物時，則直線滑翔撲去。捕到獵物時，常帶到安全場所進食。

身體構造與獵食的關係：

善於定點飛行，可在強風環境中獵食。跗蹠粗短，適於攻擊地面上的獵物。尾短，減低空氣阻力，適於長時間飛行。翼寬廣，可做持久滑翔飛行。翼末端黑色，當攻擊小型獵物時，使小獵物明顯看到兩邊翼端閃動，逃走時不敢往兩側閃躲，以方便其從正中間攻擊，提高攻擊成功率。

鷲鷹科 鵟

喜棲停於柱子上，遇獵物出現則衝出捕捉。（陳加盛攝）

翼下可見黑斑，尾羽斑紋不明顯。（蕭慶亮攝）

求偶行為：

　雄鳥進行求偶波浪狀飛行，偶有
抓著食物。雄鳥並以食物獻給雌
鳥。

築巢位置：

　位於裸岩、草坡為主的山區
岩壁。但在大陸及日本巢築於
離地7-15m的樹上之主幹與粗枝
分叉處。巢由枯枝組成，內襯松
葉及細枝條，直徑60-90公分。

卵數：

　1-6枚，以2-3卵較多，卵為青白色，雜有
褐色斑點。

抱卵期： 28-35日

離巢日數： 39-45日

繁殖行為：

　繁殖於4月至7月，孵卵期間，雄鳥帶回獵物供雌鳥進食，雌鳥
攜出巢外進食時，由雄鳥接替抱卵工作。有時雄鳥將食物放在巢
外。育雛期間，雄鳥攜回食物後即飛走，雌鳥負責餵食。另外雌
鳥也擔任護衛工作。

◎亞種與分佈：(howard&moore，1991)

B.b.buteo：歐洲西部及南部、大西洋島嶼

B.b.vulpinus：繁殖於歐洲北部及東部、亞洲中部、渡冬於非洲東部及南部

B.b.menetriesi：高加索及伊朗伊爾布爾山脈（Elburz）

B.b.japonicus：繁殖於西伯利亞、蒙古北部、中國東北、日本，

　　　　　　　渡冬於中國大陸南部、中南半島、台灣

B.b.toyoshimae：日本小笠原群島、伊豆諸島

台灣賞鷹圖鑑

飛行時可見翼末端黑色，翼下有黑斑，尾末端有橫斑。（粘國隆繪）

鷹鷹科 毛足鵟

鷹鷹科　*Accipitridae*
CITES II非全球性瀕臨危機，屬台灣珍貴稀有保育類動物

毛足鵟

Buteo lagopus　　　Rough-legged Buzzard　　大陸：毛腳鵟
W♂129～♀143cm　　L♂51～♀60cm　　♂650～♀1430g

成鳥特徵：

　　頭部：頭部白色底，雜有縱紋。**翼及背部**：背部及翼上淺褐色雜有羽斑。**胸腹部**：胸部白色底雜有稀疏縱紋，下腹部及脥部為褐色。**尾部**：尾基部白色，末端約三分之一淺褐色，最末端有黑橫斑。**足部**：黃色。勘察加亞種，全身分佈黑斑點。

幼鳥特徵：

　　幼鳥尾上末端僅黑橫帶明顯，翼後緣黑色斑帶不明顯。成鳥的翼後緣黑色斑帶明顯，尾上末端同時有淺褐色及黑色橫斑數條。

雌雄辨別：

雄鳥頭部縱紋較細，脛羽有橫斑，脥部斑塊較小，腹部較淡色，尾羽的黑色橫帶較多。雌鳥相反。

停棲辨識：

頭大嘴小，體較白，胸腹部羽色不一致，尾末端有一橫斑，喜棲停於柱子上。

飛行辨識：

身體較白，羽色對比明顯。翼寬廣，末端黑色，翼下有黑斑塊，翼後緣黑色。下腹部褐色。尾下末端黑色。勘察加亞種翼後緣粗黑，尚有二、三條細橫斑在前。尾末端有三條橫斑，最末端較粗。

飛行類似種：

大鵟（B.hemilasius）翼上初級飛羽有白色區域，尾末端不為黑色。鵟體色較褐色，喉部深色，尾末端無明顯黑橫斑，翼後緣不為黑色。

棲息與分布狀況：

為稀有的冬候鳥。出現於中部中高海拔山區空曠地或高山草原坡多次，也曾於低海拔空曠地及平原出現。曾出現於梅峰、合歡山、新中橫、關渡。

習性：

常於空曠地或草原之上空定點飛行覓食，能在數公尺左右的高度定點飛行。有時也棲立於獨立高點甚久。出現的時間通常較晚。

獵物種類：

以囓齒類或中型鳥類為主，隨棲地環境而變。大陸的記錄中，常捕食雉科、鴉科等中型鳥及野兔。

獵食方式：

有時停在空曠地的獨立突出物上或地面上，發現獵物時，迅速俯衝攫取。能在空中定點飛行尋找地面上的獵物，發現獵物時，

毛足鵟為稀有冬候鳥，體色較白，尾端有黑橫斑。（粘國隆繪）

收縮雙翼，向下俯衝攫取。

身體特徵與獵食的關係：

　　羽色較白，形成北方雪地環境的保護色。翼末端黑色及翼下黑斑，當攻擊小型獵物時，使小型獵物明顯看到翼兩端閃動，奔逃時不敢往兩側閃躲，以方便其從中間攻擊，提高攻擊成功率。翼寬廣，可做持久滑翔飛行。跗蹠長毛，在寒冷地區有保暖及保護作用。

求偶行為（繁殖地）：

　　雄鳥反覆做深度的波浪狀飛行。

築巢位置（繁殖地）：

　　勘察加亞種築於河川邊的山腰樹林的樹上較多。而西伯利亞亞種選擇築於河川邊的斷崖上較多。

卵數：2-7卵，以3-4卵較多，卵為灰白色或黃白色，雜有褐色或灰色斑點

抱卵期：28-32日

離巢日數：34-45日

繁殖行為（繁殖地）：

　　繁殖於5月至8月初，抱卵以雌鳥為主，雄鳥守衛及運回食物。雛鳥剛孵出時，由雌鳥在巢中照顧，15-20日後，雛鳥能自行進食，雌鳥也開始外出獵食。離巢後仍由親鳥照顧約20-35日。

◎亞種與分佈：(Howard & Moore，1991)

B.1.1agopus：歐洲及亞洲中部

B.1.menzbieri：繁殖於亞洲北部及東北部，渡冬於西伯利亞南部及
　　　　　　　　中國大陸東北、華北及西北部，偶見於台灣。

B.1.kamtschatkensis：勘察加半島、千島群島北部，曾於台灣臺南發現一次

B.1.sancti.johannis：加拿大、美國北部

飛行時邊注意同伴的動向及尋找夜棲點。
（蕭慶亮攝）

鷲鷹科　*Accipitridae*
CITES II非全球性瀕臨危機，屬台灣珍貴稀有保育類動物

灰面鷲鷹

Butastur indicus　　Grey-faced Buzzard Eagle　　大陸：灰臉鷲鷹

W♂102〜♀115cm　　L♂39〜♀51cm　　♂375〜♀500g

成鳥特徵：

　　頭部：雄鳥頭頂為灰褐色，頰的灰色味較重，眉斑細長，雌鳥頭頂為褐色，眉斑較粗。雌雄的蠟膜皆為橙色，眼睛虹膜皆為黃色。**翼及背部**：雄鳥背部褐色，翼上覆羽為赤褐色，雌鳥較無赤褐色味。**胸腹部**：雄鳥胸部為整片赤褐色，無斑紋，雌鳥腹面斑紋為褐色，胸部夾雜許多白斑。腹部為橫斑。翼尖長幾達尾端。**尾部**：尾上為褐色，有三、四條橫斑。有些腰部較淡色。**足部**：腳部亦帶有橙色味

幼鳥特徵：

　　頭部白色羽斑較多，眉斑較粗。胸腹部為縱斑。

雌雄辨別：

　　雌鳥體較粗壯，胸部夾雜白羽斑，翼上覆羽為褐色。雄鳥頭部灰色味重，胸部為整片赤褐色，翼上覆羽為赤褐色。

雄鳥胸部斑紋密集無空隙。（陳西川攝）

停棲辨識：

頭部有白眉，體上面褐色，翼較紅褐色，翼末端到達尾端。

飛行辨識：

遷移時常在夜棲地上空集結成龍捲風式飛行（或稱鷹柱），而遷移途中則成縱隊飛行。翼稍狹長，翼後緣平整，末端略尖，初級飛羽上面為赤褐色，腰部有一些白色羽斑。有時發出「既-及———」的鳴聲。

飛行相似種：

鳳頭蒼鷹翼短圓，擬白腰明顯，翼常下壓抖動。赤腹鷹翼較短，末端黑色，尾部比例較長。紅隼翼末端尖長，尾亦較長。蜂鷹翼為寬形，頭部較小。

成鳥比亞成鳥早過境，
飛行時可見翼後緣平直。（蕭慶亮攝）

棲息與分布狀況：

普遍之春秋過境鳥及稀有的冬候鳥。過境期出現於低中海拔山區。台灣也有少部份渡冬於陽明山、臺東、蘭嶼、恆春。繁殖於西伯利亞之阿姆河及烏蘇里江流域，中國大陸東北到河北省，朝鮮半島，日本本州北部以南。渡冬於琉球、中國

雄鳥捕獲攀木蜥蜴，攜回樹枝上進食。（陳西川攝）

大陸南部、中南半島、馬來半島、菲律賓、印尼諸島、新幾內亞西部。秋季遷移時大量出現地爲爲墾丁地區、滿洲鄉、新中橫山區。春季遷移時爲墾丁關山、山地門、旗山、曾文水庫、八卦山、大肚山臺地、火炎山、新竹山區、觀音山、陽明山。

遷移路線：

秋季遷移時，日本的族群在日本愛知縣伊良湖峽集結，之後沿日本列島南下，進入台灣前夜棲於宮古島，然後由宜蘭上空進入本省，有的個體沿著溪谷往西南飛至阿里山附近溪谷夜棲，翌日清早，集體起飛盤旋往南前進，夜棲於屏東縣滿洲鄉附近。天氣晴朗的話，有的直達滿洲鄉夜棲。隔日清早約五時半，集體從樹林起飛，盤旋上升集結，飛過社頂，進入巴士海峽，離開本島。渡冬於台灣以南的南洋群島各島嶼。春季遷移時，由南洋群島各

雄鳥翼上羽色較紅褐色，頭部有灰色味。（翁榮炫攝）

亞成鳥，春季三月過境八卦山，棲停於枯枝上等待獵物出現。（陳西川攝）

亞成鳥眉斑明顯，春季過境末期數量較多。（翁榮炫攝）

雄成鳥三月過境停降八卦山區，以爪抓癢。（蕭慶亮攝）

島嶼集結往北遷移，進入台灣之前，夜棲於呂宋島北端或巴丹群島，隔日由恆春進入本島，如果較慢抵達則夜棲於恆春以及附近山區，翌日清早，起飛往北。但如果天氣晴朗則通過墾丁地區直達八卦山區。遷移路線上都有可能是他們的夜棲點，但大部分夜棲於員林以北及火炎山以南之八卦山、大肚山臺地及火炎山附近。

足部跗蹠及趾長度適中。（蕭慶亮攝）

近。隔日起飛後沿海岸線飛行，伺機進入台灣海峽，大部分至新竹沿海飛出進入台灣海峽。小部份至觀音山後，由淡水河飛出。春季過境期，也可能出現於其他西部丘陵山區。

習性：

亞成鳥胸部有縱斑。（蕭慶亮攝）

秋季過境期在滿州觀察時，遷移季節爲10月初至10月底，約下午二時從南往北飛入滿洲地區，接近黃昏時開始降落，大部分選擇背風山坡，棲停於相思樹或檳榔樹頂端，有些個體會降至溪谷飲水。翌日早上約五時半左右起飛盤旋南飛。

春季遷移在八卦山觀察時，遷移季節從三月初到四月中旬（北部更達五月中旬），於3月20日前後三日達最大量，每日於上午11時至下午1時大量過境。下午三時左右開始落鷹，棲停於竹子、相思樹及血桐等之上，有些個體並會進行獵食補充體力。棲停時，尚保持高度警戒，一有人類靠近，則發出警戒聲並迅速飛離。大量過境時，後到的個體會選擇已經棲停同類的樹林俯衝降落。北返時，3月21日前成鳥的數量多於亞成鳥，但到3月底時，亞成鳥的數量較之前明顯增多。遷移行爲很明顯與天氣有關，晴天時數量

黃昏前集體盤旋於夜棲地上空，準備降落。（林英典攝）

盤旋於滿洲山腰上空，尋找夜棲點。（陳俊強攝）

亞成鳥，秋季十月過境期棲停於滿洲鄉樹林枯枝。（陳加盛攝）

較多，雨天時停止遷移。風速太強超過9m/s的話，遷移也會停止。

獵物種類：

遷移前以捕食大型昆蟲為主，但繁殖期也會捕捉鼠類、蜥蜴等。過境台灣期間，覓食行為不多，曾發現捕食鼠類、蜥蜴、蝙蝠、小蛇、蛙類等。

獵食方式：

佇立於離地不高的樹枝或柱子上，注視地面的獵物蹤跡。發現時隨即俯衝而下捕捉。

身體特徵與獵食的關係：

背面褐色有助於在地面上之掩護，腹面密佈斑紋，可增加棲停於樹上的掩護。翼稍尖長，適應於山區空曠環境或林緣地帶，亦可增加滑翔能力，以做長距離遷移。

遭遇留鳥台灣松雀鷹的攻擊，有時會因此受傷，無法飛行。
（蕭慶亮攝）

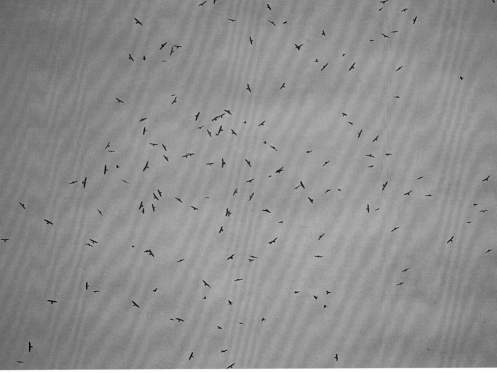

龍捲風式飛行又稱鷹柱，是令人讚嘆的景觀。（林英典攝）

求偶行為（繁殖地）：

　　有波浪狀飛行，或為較大弧度的鼓翼旋回飛行，此時常伴隨「計、唧——」的鳴聲。

築巢位置（繁殖地）：

　　從平地到海拔八百公尺左右的有松樹的雜木林、或針闊葉樹的混交林，附近具備水田、旱田、濕地、河川、草地等。巢位於離地10-20m的樹枝上。同一巢常被修補後，連續使用的情形相當多。巢為盤狀，以枯樹枝組成，內襯有草葉、樹皮、羽毛。

卵數：2-4卵，卵呈白色，具紅褐色斑。

抱卵期：31日

離巢日數：40-45日

亞成鳥飛行時可見腹部縱斑明顯。（蕭慶亮攝）

繁殖行為（繁殖地）：

　　繁殖期為4月至7月，它們於四月中至五月回到繁殖地，築巢時主要由雄鳥運回巢材，由雌鳥建築。抱卵主要由雌鳥負責，而雄鳥負責供應食物、防衛及補充帶綠葉的小枝。雛鳥孵化後，雌鳥繼續在集中約18-20日，之後就一起外出獵食供應幼鳥食物。離巢後，親鳥繼續供應食物約20-45日。

繁殖年齡： 2年

◎亞種與分布：

單一種，未發現其他亞種。

鷹鷲科 灰面鵟鷹

翼略狹長而稍尖，盤旋時尾羽常張開。（陳俊強攝）

亞成鳥沿著山谷尋找夜棲點，喜棲停於竹子及相思樹上。（蕭慶亮攝）

遷移採縱隊飛行，有時可綿延數十公里。（陳俊強攝）

雄亞成鳥翼有橫斑末端黑色，
但是頭部稍黑，體較褐色。（蕭慶亮攝）

鷲鷹科　*Accipitridae*
CITES II非全球性瀕臨危機，屬台灣珍貴稀有保育類動物

灰澤鵟

Circus cyaneus　　Hen Harrier　　大陸：白尾鷂

W♂98～♀123cm　　L♂43～♀53cm　　♂300～♀600g

成鳥特徵：

　　頭部：雄鳥頭部為灰色，雌鳥褐色雜有縱紋，臉部有明顯顏盤。**翼及背部**：雄鳥體上面為灰色，翼末端為黑色，雌鳥褐色雜有密集縱紋。**胸腹部**：雄鳥腹部、翼下面白色。雌鳥胸腹部均雜有密集縱紋。**尾部**：雄鳥尾白色，雌鳥褐色有明顯橫紋，腰白色。**足部**：跗蹠黃色細長。

幼鳥特徵：

　　雌幼鳥與成鳥比較起來腹面較深褐色，餘與成鳥類似。雄鳥幼鳥體上面為灰褐色。

雄鳥飛行時可見頭部、身體灰色，腹部白色，翼末端黑色。（蕭慶亮攝）

雌雄辨別：

　　雄鳥體上面灰色，下面白色。雌鳥體以褐色爲主，雜有許多斑紋。

停棲辨識：

　　雄鳥頭灰色，體較白，翼及尾均長，喜停棲於地面突出處，雌鳥全身褐色雜有斑紋，臉部有明顯顏盤。

飛行辨識：

　　雌鳥翼及尾橫紋明顯，腰白色。雄鳥翼末端黑色，翼下後緣有一橫帶，體上面灰色，腹白色，滑翔時翼上舉成V字型。

飛行類似種：

　　花澤鵟雄鳥背面有明顯黑色三叉戟斑，雌鳥體色較灰，初級飛羽亦爲灰色底，背面有明顯褐色三叉戟斑。澤鵟體型較大，雄鳥頭及背黑色，雌鳥體無明顯橫紋。黑肩鳶翼尖長，翼末端黑色，無指狀分叉，體白，尾短魚鷹翼極狹長，頭部較白有黑色過眼線，翼下及腹面形成三角形白色帶。老鷹尾爲魚尾型，翼狹長，前緣後掠，翼下初級飛羽有白斑。

棲息與分布狀況：

為不普遍的多候鳥及過境鳥。在過境期出現於海邊濕地、池塘、草原、農田等地。渡冬出現於草原、海邊溼地等地。常出現於鰲鼓、蘭陽溪口、關渡、罟寮、大肚溪口、墾丁牧場、龍鑾潭等溼地較易見。

習性：

活動以早上及黃昏前較頻繁，常低飛滑翔巡視於草原或沼澤地上空。偶而定點飛行。有時棲停於地面高處，注視獵物的動靜。

獵物種類：

主要為小型鳥類及鼠類，次要為蜥蜴、蛙類及昆蟲。

獵食方式：

低飛滑翔覓食時，若發現獵物，則於飛過獵物之後，突然轉身撲向獵物。若獵物逃走時，則在後全力追擊。

身體構造與獵食的關係：

臉有顏盤構造，有集音作用，耳孔左右不對稱，可判斷聲音來源。翼狹長，可適應強風環境。跗蹠細長，可攫取草原深處獵物。體型較澤鵟小，可獵取更靈活的獵物，如小型鳥類等。

求偶行為（繁殖地）：

雄鳥以螺旋狀盤旋至空中後，在鼓翼急速爬升，後將雙翼收縮，並緩慢鼓翼向地面俯衝，快至地面時，雙翼張開又全速爬升。另外，也有類似食物交接的動作。為一夫多妻制，一隻雄鳥對二、三隻雌鳥，但年輕的雄鳥則為一夫一妻。

築巢位置（繁殖地）：

濕地蘆葦叢或低灌木帶的乾草原地面。巢主要由枯蘆葦、蒲草、細枝構成，形狀為淺盤狀。

卵數：

3-6卵，以4-5卵較多，卵為淡綠色或白色，雜有紅褐色斑。

抱卵期：29-31日

離巢日數：32-42日

雄鳥體色較灰，初級飛羽黑色。（粘國隆繪）

雌鳥有明顯的臉盤，全身有縱斑，腰白色明顯。（粘國隆繪）

繁殖行為（繁殖地）：

　　繁殖於4月至7月，雌鳥負責抱卵工作，但雌鳥離巢時，雄鳥會接替。雛鳥孵出後，雌鳥繼續留在巢中，雄鳥負責攜回食物。食物帶回時，雌雄鳥在空中交接食物，有時是由雄鳥放下食物，由雌鳥在空中攫取，但有時是直接交接。孵出約二週後，雌鳥也外出獵食。由於是一夫多妻的關係，因此雛鳥食物供應較少，且雌鳥常外出容易，疏於照顧，雛鳥死亡率較高。幼鳥離巢後2-4週內，都還在巢附近，由親鳥供應食物。

繁殖年齡：3年

◎亞種及分佈：(Howard&Moore,1991)

C.c.cyaneus：繁殖於歐亞大陸北方，渡冬於歐亞溫帶及亞熱帶地區

C.c.hudsonius：繁殖於北美洲，渡冬於中美洲。

雌鳥飛行時可見白色腰明顯，
體褐色，翼尾有橫斑。（姜博仁攝）

鷲鷹科　*Accipitridae*

CITES II非全球性瀕臨危機，屬台灣珍貴稀有保育類動物

花澤鵟

Circus melanoleucos　　Pied Harrier r　　大陸：鵲鷂

W♂104～♀115cm　　L♂42～♀46cm　　♂254～♀455g

153

成鳥特徵：

　　頭部：雄鳥頭黑色，雌鳥頭部褐色。**翼及背部**：雄鳥背面黑色，肩羽灰白色，翼上覆羽黑色次級飛羽灰白色，初級飛羽前四枚灰白色後六枚黑色，雌鳥翼覆羽爲褐色，飛羽爲灰色底有褐色橫紋。**胸腹部**：雄鳥腹部白色，雌鳥腹面灰色底有褐色縱紋。**尾部**：雄鳥尾灰白色，雌鳥尾部爲灰色底有褐色橫斑。**足部**：黃色。

幼鳥特徵：

　　雄幼鳥似雌成鳥，但較褐色，只有翼下初級飛羽灰色，眼睛虹膜爲黃褐色。雌幼鳥似雄幼鳥，眼睛虹膜爲灰褐色。

雌雄辨別：

　　雌鳥體大致爲褐色，翼及腹部爲灰色底，雜有許多斑紋。雄鳥頭部黑色，背面有黑色三叉戟斑，餘灰白色。

停棲辨識：

　　雄鳥頭黑色，背黑色，肩白，翼

雄鳥飛行時最明顯的是背面的三叉戟黑斑，翼末端黑色。（粘國隆繪）

雄鳥頭部、背部、翼上、初級飛羽較黑，肩部白色。（粘國隆繪）

台灣賞鷹圖鑑

雌鳥體有縱斑，大致為深褐色，肩部較淡色。

（粘國隆繪）

及尾均長，喜停棲於地面突出處，雌鳥全身深褐色雜有斑紋，背及肩咖啡色，臉部有明顯顏盤。

飛行辨識：

　雄鳥頭部黑色，雙翼狹長，背面有三叉戟斑，翼末端黑色，腹面白色。雌鳥背上亦有褐色三叉戟斑，翼尾灰色底，斑紋明顯。

飛行相似種：

　澤鵟體較大，雄鳥背部有斑點，雌鳥無明顯橫紋。灰澤鵟雄鳥頭灰色，背上無三叉戟斑，翼後緣有一道橫紋。雌鳥背面無三叉戟斑紋，無灰色味。魚鷹翼極狹長，頭部較白有黑色過眼線，翼下及腹面形成三角形白色帶。

棲息與分布狀況：

為稀有過境鳥。繁殖於貝加爾湖以東、蒙古東部、中國東北、朝鮮半島北方。渡冬於菲律賓、婆羅洲、中國大陸南部、中南半島、印度。常出現於秋季過境期墾丁龍鑾潭、社頂、鰲鼓、關渡。

獵物種類：

春季則以鼠類為主，次要為蜥蜴，冬季以覓食蛙類較多，地上活動的小型鳥類、昆蟲。夏季捕食鳥類比例漸增多，有時連喜鵲、烏鴉等鴉科鳥類都成為其獵物。

獵食方式：

直線低飛於濕地草原上空，遇獵物時則轉身撲下。有時會在空中定點覓食。有時也停在柱子上等待獵物出現。

身體構造與獵食的關係：

翼狹長，可適應強風環境。兩耳左右不對稱，可辨識聲音來源，臉有顏盤構造，有集音作用。跗蹠細長，可攫取草原深處獵物。

求偶行為（繁殖地）：

於4月初或4月中開始求偶行為，與其他澤鵟屬類似，雄鳥俯衝、爬升，也會有擬攻擊行為，雌鳥則作出反轉身體，將腳伸出的迎戰姿態。

築巢位置（繁殖地）：

濕地或有灌木的草原地面，巢成淺盤狀，由乾苔草草莖及草葉構成，巢可以多年使用。

卵數：4–5卵

抱卵期：30日

離巢日數：約30日

繁殖行為（繁殖地）：

抱卵幾乎由雌鳥擔任，雄鳥只是暫時性幫忙而已。育雛時，雄鳥將獵物直接攜回。雛鳥稍大後，雌鳥亦會外出獵食攜回食物。

雌鳥翼尾有橫斑，腰白色，背面亦有深褐色三叉戟斑。（粘國隆繪）

繁殖年齡：3年

◎亞種與分布：

單一種，未發現其他亞種。

CITES II非全球性瀕臨危機，屬台灣珍貴稀有保育類動物

澤鵟

Circus spilonotus　　　Eastern Marsh Harrier　　　大陸：白腹鷂

W♂113～♀137cm　　L♂48～♀58cm　　♂542～♀780g

成鳥特徵：

　頭部：雄鳥頭部黑色，雌鳥頭褐色，頂部有淡色羽。**翼及背部**：雄鳥黑色但羽緣灰白色，腰白色。雌鳥褐色，肩部有淡色羽，腰部有淡色羽。**胸腹部**：雄鳥白底有細縱紋，雌鳥褐色，有的胸部有淡色羽。**尾部**：雄鳥灰白色，雌鳥褐色有不明顯橫紋外。**足部**：淡黃綠色。繁殖於日本者，雄鳥亦為褐色，翼上有不明顯橫斑。

幼鳥特徵：

　雄幼鳥體灰色雜有許多褐色縱紋，翼末端及背面黑色不明顯。雌幼鳥全身體較黑褐色，淡色羽極少，另一型頭、胸及翼下白色較多。

雄鳥（褐色型）翼上有不明顯橫斑，翼後緣黑色，頭部有縱斑明顯。
（蕭慶亮攝）

雌雄辨別：

　在日本繁殖者，其雌雄羽色以褐色為主，雄鳥翼下較淡色，稍可見翼末端黑色。在東北繁殖者，雄鳥全身白色羽多，翼末端黑色。雌鳥全身以褐色為主。

停棲辨識：

雄鳥頭黑色，體較白，翼及尾均長，喜停棲於地面突出處，雌鳥全身褐色，頭頂及肩部淡色。

飛行辨識：

雄鳥除頭、背及翼末端黑色外，腹面較白。雌鳥全身褐色為主，斑紋不明顯，可見淡色腰。翼狹長，常在濕地上方低空直線滑翔，翼上舉成ｖ字型。

飛行相似種：

雄鳥（黑色型）頭、背面、初級飛羽為黑色，腹部白色。
（粘國隆繪）

灰澤鵟雄鳥頭背為灰色，雌鳥有明顯橫紋。花澤鵟雄鳥背上有三叉戟斑，雌鳥體色較灰色，斑紋明顯。老鷹翼下有白斑，尾為魚尾型。魚鷹翼狹長，體下面有三角形白色帶。黑肩鳶翼尖長，翼末端黑色，無指狀分叉，體白，尾短。

棲息與分布狀況：

澤鵟類與眾不同的是聽覺發達。
（郭東輝攝）

為不普遍的冬候鳥及過境鳥。春秋及冬季，雌鳥出現於海邊沼澤、農地、池塘、草原等地。過境期會通過山區。而雄鳥較常見於春秋遷移季節，渡冬的非常稀少。常出現於渡冬較常見為關渡、鰲鼓、蘭陽溪口、東部平原溼地。過境期常見於關渡、蘭陽溪口、罟寮、大肚溪口、鰲鼓、曾文溪口、墾丁牧場、龍鑾潭、花蓮。春季過境可見於八卦山，秋季過境曾見於阿里山。

雌亞成鳥全身褐色，頭部、肩部沒有淡色羽，胸腹部花紋較雜。（林英典攝）

雌亞成鳥捕獲紅鳩，正在大快朵頤。（林英典攝）

雌亞成鳥，全身深褐色，雙翼上舉「V」字形是澤鵟屬的飛行特色。（蕭慶亮攝）

雄鳥（黑色型）飛行時可見翼末端黑色，背面黑色。（梁皆得攝）

雌成鳥頭頂及肩部淡色，正巡弋於草原上空覓食。（梁皆得攝）

習性（鰲鼓的觀察）：

　　早上太陽剛出來不久即起飛覓食，十時以前活動較頻繁，但如遇起霧的天氣則棲停在樹上等待霧散去。中午時刻常停在地面上、草叢中或獨立樹上休息。下午二時左右再度起飛尋找食物，而到黃昏時刻常聚集高飛。晚上在草叢中過夜。

獵物種類：

　　以捕捉鼠類為主，次要為秧雞、小型水鳥、爬蟲類、昆蟲等，也曾觀察撿食死魚。

獵食方式：

　　常在草原上方直線滑翔低飛，遇獵物則先定點飛行，後垂直撲向獵物。常會接近水鳥，使其驚嚇飛起，而尋找生病或受傷獵物。另也會飛過獵物身邊再轉身撲向獵物。

身體構造與獵食的關係：

　　聽覺發達，左右耳孔不對稱，臉有集音作用的顏盤構造。翼狹長，可適應空曠地強風環境。跗蹠細長，可攫取草原深處獵物。

台灣渡冬者概為雌鳥，正在草原上鼓翼定點，「狩」及觀察獵物動靜。（蕭慶亮攝）

常故意靠近水鳥群驚嚇之，藉以找出體病或受傷者加以攻擊。（蕭慶亮攝）

在渡冬區上空與同種不同型的個體發生爭鬥，
同型者較少爭鬥。（蕭慶亮攝）

求偶行為（繁殖地）：

　　行為與育雛期雌雄交接食物行為類似，雄鳥於飛行於雌鳥上方，後對著雌鳥俯衝，雌鳥反轉倒飛，雄鳥再度爬升。

築巢位置（繁殖地）：

　　濕地草原中的地面上。巢成盤狀，由蘆葦構成。

卵數： 3-7卵，以4-6卵較多。卵青白色，無斑點。

抱卵期： 33-38日左右

離巢日數： 約35-40日

繁殖行為（繁殖地）：

　　雄鳥在附近警戒及負責運回食物，抱卵主要由雌鳥負責。雄鳥攜回食物時先在空中鳴叫並盤旋上升，雌鳥聽到聲音立即飛出，然後，雄鳥飛向雌鳥，接近時，雌鳥反轉身體，伸出腳爪，雄鳥放開食物由雌鳥從空中接住，雌鳥則下降將食物帶回巢中，雄鳥並沒有一起回巢。雛鳥孵化後，繼續由雄鳥供應食物。雛鳥較大時由雌雄一起獵食供應食物。幼鳥離巢後約再一個月以後才能完全自立覓食。

繁殖年齡： 4年

◎亞種及分佈：（Howard&Moore,1991）

C.s.spilonotus：繁殖於亞洲東部北方及日本、渡冬於中國大陸南方、台灣、
　　　　　　　　中南半島、菲律賓、婆羅洲。

C.s.spilothorax：新幾內亞西部

虎頭海鵰（H.pelagicus）成鳥肩部有白羽，翼圓突較大，尾楔型白色，台灣尚未有紀錄。
（林英典攝）

鷲鷹科　*Accipitridae*

CITES I 易瀕臨危機，

ICBP列入世界瀕臨絕種鳥類紅皮書，屬台灣珍貴稀有保育類動物

白尾海鵰

Haliaeetus albicilla　　White-tailed Sea-eagle　　大陸：白尾海鵰

W♂119～♀228cm　　L♂75~～♀98cm(雄亦可達90cm)　　♂3019～♀7500g

成鳥特徵：

　頭部：頭部爲淡褐色，虹膜爲黃色。**翼及背部**：大致爲爲褐色。**胸腹部**：大致爲爲褐色。**尾部**：尾爲白色。**足部**：趾爲黃色。

幼鳥特徵：

　幼鳥除了尾羽不爲白色以外，體色較黑褐色雜有許多白色羽斑。虹膜爲灰褐色。

雌雄辨別：雌雄羽色相同，但雌鳥體型平均較大。

停棲辨識：

　頭部較身體淡色，尾部較白且短，嘴巨大黃色。亞成鳥體黑褐色，背部較多花紋。

飛行時雙翼寬長，適於長時間盤旋。（林英典攝）

飛行辨識：

翼寬長方正，尾短，成楔形，白色明顯。幼鳥翼下覆羽及胸腹部有許多白斑，年齡越大，白尾越明顯。

飛行相似種：

虎頭海鵰（*Haliaeetus pelagicus*）翼基部狹窄，後緣微突出，翼末端較尖，成鳥肩部為白色。花鵰全身皆黑褐色，幼鳥翼上有白色羽斑，尾非白色。白肩鵰幼鳥體下面有黃褐色三角形區域，成鳥體下面黑褐色無白斑。禿鷲頭部較小，翼非長方形，翼後緣各羽分叉。白腹海鵰腹部為白色，翼為寬形，翼下覆羽白色。

棲息與分布狀況：

為迷鳥。曾於日據時期在臺北、新竹發現。最近記錄為1993年高雄鳳山水庫、1995年10月墾丁，1996年3月八卦山、1996年新竹。出現於水邊環境較多。

習性：

冬季時結成大群出現於海岸、河口及湖泊，常棲立於地上、樹上或浮冰上（日本）。

獵物種類：

以魚類為主，次要為鷗科、鸕鶿、水薙鳥等鳥類及哺乳類

獵食方式：

於空中盤旋覓食，發現魚類靠近水面上，則稍微定點飛行，然後俯衝以腳爪伸入水中攫取，帶至安全地方進食。另外也會衝進水面的野鴨群中，捕捉野鴨。常搶奪其他同類、或鷗科的獵物。

身體構造與獵食的關係：

上嘴粗厚，可撕裂較大肉塊。跗蹠粗短，趾粗壯，適於攻擊地

亞成鳥翼下帶有許多白斑。（林英典攝）

面上之較大獵物。尾短，可於空中長時間盤旋時減低體力消耗，棲停於地面時，不會沾染髒污。尾羽白色，飛行時不明顯，可降低地面小動物對猛禽類輪廓的的警戒。

求偶行為（繁殖地）：

雌雄於空中盤旋，上方者對下方俯衝，下方收縮單邊翼閃躲。有時雌雄雙腳互抓上下旋轉，落下一段距離後分開。

築巢位置（繁殖地）：

築巢於靠近海、湖泊或是大河的森林邊緣，巢位於大樹上的粗枝基部或樹頂上，也有築在懸崖的情形。通常有連續使用同一巢的習慣。巢直徑可大至2公尺程度，高度達1至1.5公尺，由枯枝組成，內襯以細小的枝葉和羽毛。

卵數：1-3枚，以2卵較多，卵為白色無斑。

抱卵期：34-46日

離巢日數：70-90日

繁殖行為：

抱卵以雌鳥為主，但雄鳥會幫忙。等雛鳥孵化後，由雄鳥帶回食物交給雌鳥育雛，但到20-25日左右，雌鳥也外出獵食。離巢後約35-40日左右仍留在巢附近向親鳥索食。約5-6個月才完全獨立。

繁殖年齡：約6年

◎亞種與分佈：

H.a.albicilla：繁殖於歐洲者為留鳥，或渡冬於中東、繁殖於亞洲北部者，
　　　　　　　　冬季僅稍微往南遷移，或渡冬於日本北方，
　　　　　　　　少數渡冬於中國大陸東南沿海。台灣為迷鳥，
　　　　　　　　偶爾於過境期或冬季發現。

H.a.groenlandicus：格陵蘭

飛行時尾短羽白色相當明顯。（林英典攝）

成鳥嘴黃頭淡色，體褐色，尾短白色。（林英典攝）

飛行時可見腹面白色，翼下覆羽白色，飛羽鉛灰色。（粘國隆繪）

鷹鷲科　*Accipitridae*

CITES II非全球性瀕臨危機，屬台灣珍貴稀有保育類動物

白腹海鵰

Haliaeetus leucogaster　　White-bellied Sea-eagle　　大陸：白腹海鵰

W♂180～♀210cm　　L♂71～♀85cm　　♂3000～♀5000g

成鳥特徵：

　　頭部：白色，蠟膜及嘴爲鉛灰色。**翼及背部：**爲黑灰色，翼展開後，可見翼下覆羽爲白色，初級飛羽、次級飛羽爲黑色。**胸腹部：**白色。**尾部：**基部黑色，餘白色。**足部：**淡肉色。

幼鳥特徵：

　　主要爲淺褐色，背面各羽有淡色羽緣。尾末端有橫帶。

雌雄辨別：雌雄羽色相同。

停棲辨識：頭部、腹部及尾部均白色，只背及翼黑灰色。喜棲於水邊樹上。

飛行辨識：

　　飛行時翼寬長，體下及翼下面形成三角形白色區域，飛羽部份爲黑色，尾短基部黑色而末端白色。幼鳥體較黃褐色，尾末端有橫帶。

飛行相似種：

　　魚鷹翼狹長，飛羽不爲黑色。白尾海鵰之翼下無三角形白色區域，尾基部無黑色。

棲息與分布狀況：

　　台灣爲迷鳥，於1988年九月於蘭嶼發現一次，1991年12月台北內湖。主要出現於海岸地帶。分佈於印度半島、中國東南部、海南島、菲律賓及澳洲。

習性：

　　常停棲於海邊岩石或附近高大樹上，或盤旋於海岸附近覓食。

獵物種類： 海面的魚類、海蛇、野鴨，陸上的蛙類、蜥蜴、蛇，偶爾吃腐肉。

獵食方式：

　　於海面上盤旋尋找獵物，發現獵物浮到水面時即斜向俯衝至水面，往前伸出腳爪，在獵物上方，將腳爪往後用力攫取，即將獵物抓住，隨即鼓動雙翼爬升，將獵物帶至安全處進食。

身體構造與獵食的關係：

　　翼寬長，可持久盤旋覓食。上嘴粗大，可撕咬堅韌肉塊。跗蹠及趾粗壯且粗糙，適於抓取水面上之魚類或蛇類。

築巢位置（繁殖地）：

　　巢位於海邊、島嶼的高大樹上或懸崖上，巢直徑可達2.7公尺，主要由枯枝組成，內襯綠葉，常會沿用舊巢。

卵數： 2-3卵，以2卵較多，卵成白色。

繁殖行為：

　　在印度繁殖於12月至翌年5月，雌雄鳥都會抱卵，但以雌鳥爲主，雄鳥會在白天接替雌鳥。繁殖期領域性強，由雌雄共同保衛。

◎亞種與分布：單一種，未發現其他亞種。

成鳥頭部腹面白色，背部及翼鉛灰色，是迷鳥。（粘國隆繪）

翼寬長基部狹窄是其特徵，可長時間低空盤旋。
（姜博仁攝）

鷲鷹科　*Accipitridae*

CITES II，非全球性的瀕臨危機。屬台灣瀕臨絕種保育類動物

林鵰

Ictinaetus malayensis　　Indian Black Eagle　　大陸：林鵰

W ♂164～♀178cm　　L ♂67～♀81cm　　♂1000～♀1600g

成鳥特徵：

　　頭部：為黑褐色，蠟膜黃色。**翼及背部**：為黑褐色，翼下之初級飛羽基部較淡色。翼寬長，收縮時翼尖幾可達尾端。**胸腹部**：為黑褐色。**尾部**：尾部有許多不明顯密集細橫紋。**足部**：趾黃色，外趾甚小。

幼鳥特徵：

　　體色較褐色，腹面有許多縱斑。背面各羽有淡色斑。

雌雄辨別：

　　羽色幾乎完全一致，但雌鳥可能體型較大。

停棲辨識：

　　體黑褐色，頭小體大，尾長度適中，可見不明顯密橫紋。跗蹠

密生羽毛，外趾特小。

飛行辨識：

翼寬長，基部狹窄，翼後緣平整，初級飛羽分叉甚長。尾長度中等，有許多不明顯橫紋，飛行時尾不常張開。

頭部成三角型，嘴部略小。（蕭慶亮攝）

飛行相似種：

白肩鵰之翼基部與末端寬度大致相同，翼後緣稍有弧度，尾短圓，飛行時常張開。花鵰之翼基部與末端寬度大致相同，與白肩雕翼、尾類似。大冠鷲翼寬型略長，翼下有白色斑帶，飛行時翼略上舉。

棲息與分布狀況：

稀有的台灣留鳥。棲息於中低海拔闊葉林區，但以原始林區較常出現。常出現於福山植物園、烏來、坪林、棲蘭、烏石坑、梅

全身黑褐色，尾有不明顯橫斑，外趾短小。（粘國隆繪）

體色黑褐，尾部可見橫紋。（江紋綺攝）

峰，鞍馬山、北東眼山、茂林、臺東知本、花蓮南安。

習性：

　　於上午九時以後，單獨或二、三隻出現盤旋於陵線附近，盤旋的時間甚久。有時在天氣較差的陰天及霧氣中也會出現。

獵物種類：

　　主要爲蜥蜴、鼠類、蛙類，次要爲鳥類、蝙蝠及昆蟲，曾於糞便中發現台灣獼猴毛髮，推測可能會攻擊幼猴。

獵食方式：

　　於低空滑翔飛行，尋找樹林上層的獵物或鳥巢。發現鳥巢時，是將鳥巢整個攫走，然後再取食卵或雛鳥。另外有可能也會在地面上尋找獵物，因其趾爪彎曲度不大，方便於地面步行。

身體構造與獵食的關係：

　　翼寬長，可長時間翱翔於山林之上。翼基部較狹窄，可能與低空盤旋的飛行穩定性有關。全身黑褐色，是陰暗的原始密林中的

掩護色。跗蹠上密生羽毛，可掩蓋黃色的皮
質，增進掩護作用，亦有保護功能。外
趾及爪特小，便於將腳爪伸進鳥巢
抓攫取雛鳥，或伸進小動物躲藏
的洞穴攫取獵物。趾爪彎曲度
小，適於地面活動獵食。

求偶行為：

據觀察發現於一至四月間，成對
出現時，會展開反覆的波浪狀飛行，
疑爲雄鳥的求偶飛行。

外趾極小，可以深入洞穴中抓取小動物。
（江紋綺攝）

築巢位置：

築於原始闊葉林中，1997年以
來，已連續每年於屏東縣山區觀察繁殖的情況，惜未正式公佈其
觀察紀錄報告。

卵數：

1卵，偶爾二卵，卵爲白色或灰白色，有少許色斑。

◎亞種與分佈：(Howard & Moore,1991)

I.m.perniger：印度、印中交界地區、斯里蘭卡

I.m.malayensis：中南半島、中國大陸南部、台灣、西里伯（Celebes）、
            摩鹿加群島（Molucca is）、馬來半島。

飛行時翼寬長，尾部長度適中有橫紋。（姜博仁攝）

飛行時指狀分叉上翹，常出現於低中海拔原始闊葉林。（姜博仁攝）

常低空巡弋於原始林山區陵線上方，伺機攻擊中冠上的動物。（姜博仁攝）

鷲鷹科　*Accipitridae*

CITES II非全球性瀕臨危機，屬台灣珍貴稀有保育類動物

老鷹（黑鳶）

Milvus migrans　　　Black Kite　　　大陸：鳶

W♂157～♀162cm（大陸亞種）

L♂59～♀68cm（大陸亞種）、♂55～♀60cm（台灣亞種）

♂782～♀1186g（大陸亞種）、台灣亞種約800g

成鳥特徵：

　頭部：大致爲褐色，夾雜許多暗褐色縱條紋，蠟膜黃綠色，眼睛虹膜爲暗褐色。

　翼及背部：大致爲褐色，背部夾雜許多暗褐色縱條紋。翼張開可見翼下初級飛羽有白斑，翼下覆羽暗褐色，各飛羽有許多橫紋。**胸腹部**：大致爲褐色，夾雜許多暗褐色縱條紋。**尾部**：褐色有密集不明顯橫紋。**足部**：鉛灰色或黃綠色。

幼鳥特徵：

　幼鳥背部及覆羽有明顯淡色羽斑，腹面亦有明顯淡色縱紋。

雌雄辨別：

　雌雄羽色相同，但雌鳥身長平均略大於雄鳥。

停棲特徵：

　全身黑褐色，頭小，蠟膜不爲黃色，尾部淺分叉。

基隆港區是北部老鷹最喜歡覓食的地方。
（蕭慶亮攝）

亞成鳥胸腹部淡色斑明顯，停棲時警戒心極強。（梁皆得攝）

飛行辨識：

尾為魚尾型，翼狹長，前緣後掠，翼下初級飛羽有白斑。幼鳥背面淡色斑較多，腹面淡色縱條紋較明顯。

飛行相似種：

魚鷹翼極狹長，體下面有三角形白色區域。澤鵟雌鳥頭頂及肩部較淡色，腹面常雜有淡色斑，尾不為魚尾型。灰澤鵟雌鳥翼尾有許多明顯橫紋，腰白色。

棲息與分布狀況：

台灣局部不普遍的留鳥及稀有冬候鳥。約1970年以前曾遍布全省平地及低海拔山區溪流或湖泊，約1974年起受殺蟲劑及滅鼠藥的使用影響，數量急劇減少，今僅常出現於基隆港口、金山、野柳、東北角等北海岸地區、烏來山區、曾文水庫、屏東技術學院、屏東縣霧台、山地門或北部山區，另外冬天於全省河口、濕地、湖泊及河川均偶而可見一或數隻，大概為渡冬者。

習性：

通常於上午十時以後才四散至各地覓食。七月之後，下午三時起，黃昏時刻，各地的個體陸續返回夜棲地上空集體盤旋，或稱「黃昏聚集」。集體夜棲地點，常選在人煙甚少的隱密山區，離覓

北部老鷹的巢築於山腰樹上。（梁皆得攝）

亞成鳥，翼尾有不明顯橫紋，翼下白斑明顯。（艾台霖攝）

食地約4-30公里範圍。九月至一月，數量有增加趨勢。二月之後
聚集的個體只剩亞成鳥。聚集時常發出「ㄈㄧㄡ—」的鳴聲。

獵物種類：

　小型魚類、蜥蜴、蛙類、鼠類、小鳥、昆蟲及雞鴨內臟、肉塊
等。

獵食方式：

　於港口或湖泊上空低空盤旋，發現獵物時，採轉彎迴旋下降的
姿勢，至水面上時，將雙腳伸出至腹前，然後往後擷取，將獵物
攜至空中。獵物較小時，邊盤旋邊進食，較大則攜至安全處進
食。偶爾撿食馬路上被撞死的動物屍體。也會到垃圾場撿食人類
丟棄的肉類。早期老鷹會至鄉間人家俯衝擷取飼養的小雞。在牧
場翻土時，也會去擷取大型昆蟲。南部的鰻魚池也會有老鷹撿拾
死掉浮在水面者，但較滑溜容易掉落。

亞成鳥翼上淡色斑明顯，羽毛蓬鬆甩動可驅逐寄生蟲。（蕭慶亮攝）

身體構造與獵食的關係：

翼下白斑可於遠方吸引同類注意，或於攻擊獵物時，使獵物注意兩邊而使腳爪容易抓住獵物身體，提高成功率。翼狹長後掠，適合於長時間盤旋覓食，且可在強風中飛行。尾長適中且內凹，可於飛行中靈活變換方向。

求偶行為：

十二月至二月時進行求偶，雄鳥會抓取樹枝遊戲，旋轉身體下降。有時雌雄鳥的腳互相抓緊上下旋轉，降至地面附近時才分開。

築巢位置：

早期老鷹甚為普遍時，常築巢於空曠地之獨立大樹上。在北海岸地區則築於山谷的山腰處，位於展望良好的樹上粗枝分叉處，也會築於懸崖上，但較少。巢以

尚未離巢的雛鳥，等待親鳥帶回食物。
（梁皆得攝）

飛行時身手靈活輕巧，可輕易在抓取水面的食物。（蕭慶亮攝）

成鳥下降至水面舉起雙腳對準雞腸子，準備攫取。（蕭慶亮攝）

大陸亞種體型較大，體色較淺，臉部過眼線較黑。（林英典攝）

在覓食區上空為爭奪食物而發生爭鬥，但不致傷害對方。（蕭慶亮攝）

枯枝組成，內襯以羽毛、枯草、或人類丟棄的破布、紙類等物。

卵數：1-2卵，卵為污白色，雜有紅褐色斑

抱卵期：30日

離巢日數：35-40日

繁殖行為：

　　繁殖於二月至六月，抱卵主要由雌鳥負責，雄鳥會攜回食物並負責警戒的工作。當雌鳥離開時，則由雄鳥接替。育雛期主要由雄鳥攜回食物給雌鳥餵雛，雌鳥較少獵食。幼鳥離巢後，繼續向親鳥索食約40-50日才獨立。

繁殖年齡：3年

◎亞種與分佈：(Howard & Moore,1991)

M.m.migrans ：歐洲、中東及亞洲西部

M.m.tenebrosus：綠角群島（Caps Verde is）、
　　　　　　　　馬得拉群島（Madeira）（大西洋）

M.m.arabicus：埃及

M.m.aegyptius：非洲北部、索瑪利亞、葉門南部

M.m.parasitus：非洲東部到西部、南部

M.m.lineatus：亞洲中部及東部、日本到西馬拉亞山

M.m.govinda：印度半島到印中交界、馬來半島

M.m.formosanus ：台灣、海南島

M.m.affinis：龍目島（Lombok）到帝汶（Timor）、
　　　　　　　蘇拉威西（Sulawesi）（以上印尼）、新幾內亞、澳洲

雙翼狹長，尾張開時成直線（收縮成魚尾狀）。
（蕭慶亮攝）

黃昏的聚集選在寧靜干擾少的山區。（梁皆得攝）

雌鳥（淡色型），翼寬型，尾羽有不均等橫斑。（姜博仁攝）

鷲鷹科　*Accipitridae*

CITES II非全球性瀕臨危機。屬台灣珍貴稀有保育類動物

蜂鷹（雕頭鷹）

Pernis ptilorhyncus　　Oriental Honey Buzzard　　大陸：鳳頭蜂鷹

W ♂135～♀150cm　　L ♂52～♀68cm　　♂750～♀1490g

成鳥特徵：

　　頭部：雄鳥眼睛虹膜為暗色，雌鳥為黃色，顏面灰色，有黑色顎線。**翼及背部：**大致為褐色。**胸腹部：**羽色多變，依腹面顏色深淺分為三型。一為淡色型，翼下覆羽及腹面較淡色，斑紋稀少。二為中間型，翼下覆羽及腹面密佈許多斑紋。三為暗色型，翼下覆羽及腹面接近黑褐色。**尾部：**有三道不等分黑橫斑，其中兩道較接近尾基部。**足部：**黃色，趾爪彎曲度較其他猛禽小。

幼鳥特徵：

　　幼鳥的翼末端為黑色，體色較淡色。

雌雄辨別：

　　雌鳥的尾部橫斑較細，翼後緣斑紋亦較細。眼睛虹膜為黃色。

在巢中的雌鳥（暗色型），虹膜黃色，正以蜂蛹哺餵雛鳥。（黃光瀛攝）

雄鳥尾部橫斑較粗，翼後緣亦有較粗橫斑，眼睛虹膜爲暗色。

停棲辨識：

頭小嘴長，臉灰色，有明顯顎線，尾部有三道不均等橫斑。

飛行辨識：

頭部細長突出。翼寬型，飛行時成水平。尾部一般有三道明顯不等分橫斑，二道位於靠基部，一道在末端。幼鳥翼末端黑色。飛行速度甚爲緩慢。

飛行類似種：

鵟翼下較白且有黑斑塊，尾較短無明顯橫斑。灰面鵟鷹翼稍狹長，末端較尖。大冠鷲頭部較短，翼常上舉且翼下有白色帶，邊飛邊叫，翼較蜂鷹略長。蒼鷹翼爲短圓形，翼後緣有圓突。赫氏角鷹翼後圓突明顯。

棲息與分布狀況：

爲台灣尚稱普遍的冬候鳥、過境鳥及稀有留鳥。出現於低中海拔山區 闊葉林。過境期也會出現於平地樹林。在中部曾有築巢記

雄鳥（暗色型），虹膜暗色，棲於枯枝上尋覓食物。（范兆雄攝）

錄，但後來棄巢繁殖失敗。而於1994年於北部正式記錄到蜂鷹的繁殖及幼鳥，1999年陽明山也正式紀錄到其繁殖。秋季遷移時於墾丁地區，全島各山區、鰲鼓皆可發現。春季遷移時，於猛禽遷移路徑如八卦山、全島各山區皆可發現。

習性：

通常於樹林中覓食，較少出現。在上午天氣良好時，比較能夠發現其飛出盤旋，但盤旋時間較短。有時則直線滑翔，穿越山谷。遷移時，成單隻到十數隻之間的小群，似家族式遷移情形。

獵物種類：

特別喜好蜂類之蛹及幼蟲，但也捕食白蟻、蜥蜴、蛙類、蛇類、小鳥等。

獵食方式：

　　棲立於樹枝上觀望地面蜂巢的位置，發現時就飛降於地上，並一邊以腳扒土，一邊以嘴啄食。也會於地面上步行，來回地尋找昆蟲之巢穴。因其全身包裹緊密的羽毛，連眼先部位都密生羽毛，且足部鱗狀皮膚甚硬，故不怕蜂類螫咬。

身體特徵與獵食的關係：

　　眼先部位密生羽毛，可防止蜂類螫咬。頭部小，頸部較長，嘴部也較長，易於啄食洞中體型較小的昆蟲。趾爪較鈍，適於扒開蟻穴，及在地面上活動。

求偶行為：

　　雄鳥進行波浪狀飛行，或由上方模擬攻擊雌鳥。有時急速爬升到頂點時，身體仰起，似在空中定點，然後再急速俯衝。

築巢位置：

　　巢樹位於茂密的針闊葉混合林內，巢由枯枝組成，內襯樹葉或草。

卵數：

　　1–3卵，2卵較多，卵為紅褐色，被有褐色斑

抱卵期：30–35日

離巢日數：35–45日

蜂鷹（中間型）頭部較小，嘴稍細長，眼先密生羽毛。
（艾台霖攝）

亞成鳥（中間型），腹部及翼下斑紋較明顯，翼末端黑色。（蕭慶亮攝）

雌鳥（淡色型），尾部橫斑較細。蜂鷹飛行時可見頭部較長。（王健得攝）

雄鳥抓蜂巢。（謝淑歆攝）

繁殖行為：

　　繁殖於四月至七月，抱卵由雌雄輪流，但夜間由雌鳥抱卵較多。起初育雛責任由雌雄分擔，任何一方攜回食物，則由其餵雛。7-10日以後，雌鳥漸漸守在巢邊，雄鳥也會將食物交給雌鳥，但偶爾雄鳥也直接進巢餵雛。幼鳥離巢之後，由親鳥再供應食物約兩週之後，即獨立覓食。

繁殖年齡：三年

◎亞種與分佈：(howard & Moore ,1991)

P.p.orientalis：繁殖於西伯利亞東部、中國東北、朝鮮半島、日本，

　　　　　　　　渡冬於台灣及東南亞各地。

P.p.ruficollis：印度、緬甸、中國大陸西南部

P.p.torquatus：馬來西亞、泰國、蘇門答臘、婆羅洲

P.p.ptlorynchus：爪哇

P.p.palawanesis：巴拉望島（Palawan）（菲律賓）

P.p.philippensis：菲律賓群島

遇天氣晴朗常盤旋甚久，且邊飛邊叫「灰、灰、灰—、灰—」的鳴聲。
（梁皆得攝）

鷲鷹科　*Accipitridae*
CITES II非全球瀕臨危機，屬台灣珍貴稀有保育類動物

大冠鷲

Spilornis cheela　　Crested Serpent Eagle

俗名：食蛇鷹　　大陸：蛇鵰

W♂140～♀160cm　　L♂♀約70cm　　♂1500～♀2000g

成鳥特徵：

頭部：頭部黑褐色，後頭頂上羽毛特長形成羽冠，夾雜白斑，眼先黃色皮膚裸出。眼睛虹膜為黃色。**翼及背部**：大致為褐色，背部、翼上覆羽皆夾雜許多白色斑點。**胸腹部**：胸腹部夾雜許多白色斑點。下腹部密佈細淡色橫斑。**尾部**：尾下覆羽處密佈細淡色橫斑，尾有一粗白色橫帶。**足部**：黃色。

幼鳥特徵：

一種為白腹型，整個腹面皆為白色，雜有一些斑點，頭頂上亦較白，背面為淺褐色。一種為黑腹型，模樣與成鳥接近，但頭頂上的白斑較成鳥多。兩者飛行時，翼下及尾無白色帶。

雌雄辨別：

雌雄羽色相同且大小相近，難以區別。

大冠鷲頭頂有冠羽，眼先黃色長有剛毛，庇突起較小。（蕭慶亮攝）

成鳥羽冠明顯，翼上有斑點。常棲停於枯枝上。（林英典攝）

停棲辨識：

頭上有白斑交錯的冠羽，胸腹部有明顯白斑點，棲立時身體挺直。

飛行辨識：

飛行時，翼常上舉，且發出「灰、灰、灰、灰————灰————」或「灰———灰————」鳴叫聲。翼寬型而略長，翼之飛羽及尾有明顯白色帶。幼鳥或亞成鳥之翼飛羽部份有許多橫斑，無白色帶，尾部之橫斑甚粗且常張開。

飛行相似種：

蜂鷹之頭部較長，幼鳥翼末端為黑色，暗色型則翼下覆羽較黑。赫氏角鷹的初級飛羽較短，翼較寬廣而短圓，翼尾的橫斑較多，成鳥胸部有縱紋，腹部有橫紋，飛行時雙翼水平。林鵰翼寬長，基部狹窄，翼後緣平整，初級飛羽分叉甚長。

大冠鷲以蛇為食，是台灣常見猛禽。
成鳥腹面斑點明顯。（梁皆得攝）

亞成鳥羽色較白，翼上橫斑明顯。（梁皆得攝）

接近離巢的雛鳥，有的體色接近成鳥，冠羽尚未完全長出。（梁皆得攝）

巢中僅有一雛鳥，兩邊留有空隙方便進出。（梁皆得攝）

棲息與分布狀況：

台灣普遍之留鳥，棲息於低中海拔山區闊葉樹林，常出現於樹林邊緣的開墾區。

習性：

清晨於樹林中或林緣覓食，待上午約八時半起如天氣晴朗，上升氣流旺盛時，則飛出盤旋，其盤旋的時間甚長，可達二小時之久。中午之前，常可於空中發現，並可聽到其「灰、灰、灰、灰——灰——」的鳴聲。也常發現其棲停於枯枝上。下午通常隱藏於樹林間，較不易發現。天氣不良時，僅做直線飛行。

獵物種類：

冬季以外以蛇為主食，次要為鼠類、蜥蜴、蛙類、蟹類。冬季蛇類較少出沒時，則以上述次要獵物取代。

獵食方式：

常棲停於視野良好的樹上或電線桿上，注視地面上獵物的動靜。發現時，飛降到離獵物不遠處，然後步行到獵物旁，迅速伸出腳爪加以捕捉。也會從樹上俯衝而下直接壓制蛇類身體。有時在樹林中或山澗旁步行尋找獵物。捕捉蛇類時，先以爪壓制蛇身體中段，再以嘴啄住蛇頸部，待蛇漸不掙扎時，攜至樹上啄食。如果是小蛇的話，直接吞入腹中。未消化的骨頭、鱗片等，每隔數天之後成食繭吐出。曾觀察其食繭中常發現相思樹葉，其目的有待進一步研究。

身體構造與獵食的關係：

頭頂上有羽冠，可威嚇同類或其他肉食動物。翼寬而略長，可於空中持久盤旋飛行。全身褐色夾雜白點，於樹林地面活動獵食時的良好偽裝。脛部及跗蹠較長，適於攻擊蛇類。飛羽密生毛狀小羽枝，可減低飛行的音量。

遇敵人靠近時，雌鳥常安靜臥伏在巢中。（梁皆得攝）

營巢於山腰坡地灌叢茂密的環境。（梁皆得攝）

求偶行為：

一至二月起開始求偶，雌雄於空中緊緊相隨盤旋甚久，雄鳥飛行時，雙翼上舉，尾部翹高，邊發出鳴叫聲。有時將雙翼下壓抖動。有時一方進行波浪狀飛行。曾觀察到雌雄鳥於空中雙腳互抓轉圈，待降至較低高度時，雙方才放開爬升。

築巢位置：

築巢於山腰密林中，離地約10公尺或更高的位置的樹上粗枝上，上下左右均密生樹葉，十分隱密。巢材為含葉子的樹枝，上面均不時襯以綠葉。

卵數： 1卵，卵呈白色，稍具淡紅褐色斑點

抱卵期： 約35日

離巢日數： 約60-65日

繁殖行為：

繁殖於三月至七月，抱卵及育雛的工作由雌鳥負責，雄鳥負責獵食供應食物。雄鳥攜回獵物時，會先鳴叫，雌鳥則飛出巢於不遠處的枯枝交接獵物，後再由雌鳥攜回育雛。雛鳥如聽到巢外有

有的亞成鳥腹面較白，斑紋明顯。（蕭慶亮攝）

成鳥翼寬型，羽尾白色帶明顯。（王健得攝）

異音時，常會蹲伏於巢中不動，以避免被發現。如確定為親鳥時，才起立索食。

繁殖年齡：推測約3年以上

◎亞種與分佈：(Howard & Moore，1991)

S.c.cheela：印度半島北部

S.c.melanotis：印度半島南部

S.c.spilogaster：斯里蘭卡

S.c.burmanicus：中南半島到印中交界

S.c.ricketti：中國大陸東南部及南

S.c.malayensis：緬甸南部、馬來半島及蘇門答臘北部

S.c.davisoni：安達曼群島 (Andaman is) (印度)

S.c.rutherfordi：海南島

S.c.hoya：台灣

S.c.perplexus：琉球群島南部

S.c.pallidus：婆羅洲

S.c.natunensis：邦加島 (Bunguran I) 及勿里洞島 (Billiton I) (印尼)

S.c.sipola：蒙塔威群島 (Mentawei Is)、錫波拉島 (Sipora) (印尼)

S.c.batu：巴度島、蘇門答臘南部(印尼)

S.c.asturinus：尼爾思島 (Nias I) (印尼)

S.c.abbottii：錫馬魯島 (Simalur I) (印尼)

S.c.bido：爪哇、巴里島 (Bali) (印尼)

S.c.baweanus：巴威安島 (Bawean I) (印尼)

S.c.palawanensis：巴拉望島 (Palawn)、巴拉巴克 (Balabac)
　　　　　　　　卡拉民群島 (Calamian is) (菲律賓)

S.c.holospilus：菲律賓群島

幼鳥階段飛羽尚未形成白色帶，但有的體色與成鳥接近。（蕭慶亮攝）

鷲鷹科　*Accipitridae*

CITES II非全球瀕臨絕種，列爲台灣瀕臨絕種保育類野生動物

赫氏角鷹

Spizaetus nipalensis　　Hodgson's Hawk Eagle

日名：熊鷹　　大陸：鷹鵰

W♂130～♀165cm　　L♂67～♀86cm　　♂1510～♀3028g

成鳥特徵：

　頭部：頭頂及頰爲黑褐色，頭上具小羽冠，喉部有喉中線。**翼及背部**：爲暗褐色，翼下密佈橫紋。**胸腹部**：腹面爲淡黃褐色底，胸部有縱紋，腹部至尾下覆羽有粗橫紋夾雜細縱紋（羽軸紋）。**尾部**：較淺色但有五或六條暗褐色粗橫斑。**足部**：趾爲黃色。

幼鳥特徵：

　幼鳥頭部及腹面，爲乳黃褐色，斑紋甚少。眼睛虹膜爲灰褐色。

雌雄辨別：

　雌雄羽色相同，但雌鳥平均體型大於雄鳥。

停棲辨識：

　頭頂有小冠羽，體粗壯，背部爲暗褐色，胸部有縱紋，腹部至尾下覆羽有粗橫紋，常棲停於枯木。

盤旋時翼寬型圓突明顯，尾羽常打開。
（梁皆得攝）

幼鳥頭部較乳黃色,虹膜淡灰色,頭上有小羽冠。
（艾台霖攝）

飛行辨識：

　　成鳥腹部有粗橫斑,但幼鳥腹面淡色,斑紋極少。如一隻特大之鷹屬猛禽,雙翼寬廣短圓,初級飛羽較短,翼下密佈橫斑,尾長度適中。盤旋時,尾羽常張開成扇型。但鼓翼前進及滑翔時,尾仍緊閉。

飛行類似種：

　　淡色型蜂鷹之頭部細長,尾羽斑紋為較細。大冠鷲白腹型幼鳥之初級飛羽較長,翼稍長,飛行時會鳴叫,尾羽的橫斑較粗(或淡色斑較細)。

棲息與分布狀況：

　　為台灣稀有的留鳥。棲息於低中海拔原始闊葉林或混交林。數量相當稀少,已知最大量僅一百隻,將有於台灣絕種危機。本種被獵捕壓力相當重,亟需挽救其族群。常出現於玉山國家公園、宜蘭山區、高雄、臺東、花蓮、屏東等縣靠近中央山脈之林道。

習性：

　　天氣良好的上午,當上升氣流旺盛時,較易出現盤旋於空中。其他時刻十分隱密,不易見到。一至二月求偶季節較常見到。

獵物種類：

　　雉科鳥類、野兔、鼠類、山羌、蛇。

獵食方式：

　　埋伏於林緣隱密處,等待獵物出現。發現地面上的獵物

受傷的幼鳥。赫式角鷹數量稀少,有在台灣絕種危機。
（黃光瀛攝）

幼鳥腹面淡乳黃色，背面較褐色，尾長適中。（艾台霖攝）

時，立即飛降追擊，以腳爪壓制獵物。常張開雙翼掩蓋，就地進食。有時追捕地面獵物時，於飛過獵物頭上後，停棲於前方樹上，接著馬上轉身回頭再俯衝下降捕捉。有時也會在飛鳥後面急速鼓翼直追捕捉。

身體特徵與獵食的關係：

翼寬而圓，適合於樹林間活動獵食。翼寬而圓，適合於樹林間活動獵食。頭部長有羽冠，可張開威嚇同類或其他肉食動物。腹面及尾有斑紋，是樹林間的良好偽裝。背面暗褐色，是由上往下與地面顏色接近的偽裝。跗蹠密生羽毛，兼具偽裝及保護作用。跗蹠及趾粗壯，爪巨大且彎曲銳利，可攻擊較大型獵物。

翼寬型有圓突，臉黑褐色，腹部淡色，
盤旋於原始林林道上。（姜博仁攝）

求偶行為：

於一月至二月時，雄鳥進行波浪狀飛行，急速俯衝後再急速爬升。有時在雄鳥波浪狀飛行時，對雌鳥模擬攻擊，這時雌鳥會反轉身體，伸出腳爪迎擊。雌雄一起盤旋飛行，雄鳥緊跟在後。

築巢位置（日本亞種的觀察）：

築於山腰處，離地5-15公尺的高大樹上粗枝分叉處。旁邊展望良好，進出巢方便。有時會利用舊巢。在台灣尚未有繁殖的正式報告。

卵數：1-2卵，卵為白色或灰白色。

抱卵期：47日

離巢日數：70日

繁殖行為（日本亞種的觀察）：

繁殖於四月至六月，築巢時由雄鳥運回巢材，交由雌鳥築巢。抱卵期雌鳥外出時，雄鳥會接替抱卵。育雛期主要由雄鳥帶回食物，直接進巢交給雌鳥餵食。雛鳥羽毛長出後，雌鳥也外出獵食，不再待在巢中。幼鳥較大時，雙親常將食物一放就馬上飛走，幼鳥會張開雙翼掩蓋食物進食。幼鳥離巢後仍跟著親鳥，學習獵食技巧。但到次年初，雄鳥開始求偶起，就會將幼鳥驅離。

繁殖年齡：約5年

◎亞種與分佈：

S.n.nipalensis：印度西部、西馬拉亞山到中國大陸東南部、台灣

S.n.kelaarti：斯里蘭卡

S.n.orientalis：日本

鷹鷲科 赫氏角鷹

飛行時翼尖長，末端黑色，尾短。（粘國隆繪）

鷲鷹科　*Accipitridae*

CITES II非全球性瀕臨危機。屬台灣珍貴稀有保育類動物

黑肩鳶（黑翅鳶）

Elanus caeruleus　　Black-shouldered Kite　　大陸：黑翅鳶

W84cm　　L31～34cm　　♂197～277g～♀219～343g

成鳥特徵：

　頭部：眼睛虹膜為暗紅色，頭頂灰色，餘較白。**翼及背部：**背為淺灰色，肩部黑色，初級飛羽黑褐色。**胸腹部：**白色。**尾部：**淺灰色，稍短。**足部：**黃色。

幼鳥特徵：體上面較褐色，有淡色羽緣。

雌雄辨別：雌雄體色類似，但雌略大於雄。

停棲辨識：體灰白色，肩部黑色，尾短。

飛行辨識：翼尖長，翼末端黑色，無指狀分叉，體白，尾短。

飛行類似種：澤鵟公鳥體較大，頭黑色。灰澤鵟頭部灰色，但尾較長，指狀分叉明顯。

棲息與分布狀況：

　為金門地區不普遍的留鳥，台灣屬迷鳥，曾於北部東北角地區及1999年4月於大肚溪口發現。2000年10月出現於鰲鼓，靠海邊的空曠地區。2001年春天於鰲鼓地區繁殖。

習性：多在早晨或黃昏活動，通常棲停於電線或樹頂端。在空中飛行時將雙翼上舉成「V」字形。

獵物種類：鼠類、蛇類、小鳥、爬蟲類等。

獵食方式：

　棲立於樹枝或電線上觀望，遇有獵物經過，突然衝出捕捉。有時在天空定點尋找獵物，發現時則俯衝捕捉。

身體特徵與獵食的關係：

　體色較白，可使地面上的獵物較不易發現。翼末端黑色，可使獵物遭受攻擊時，因兩邊的閃動而保持直線逃跑，增加攻擊成功率。

築巢位置（繁殖地）：

　築巢於平原或丘陵地的樹上或高的灌木上，巢由枯枝組成，內襯草莖或無內襯。鰲鼓觀察築於木麻黃上。

卵數：3-5卵，卵為白色或淡黃色，被有紅褐色斑

抱卵期：25-28日

離巢日數：30-35日

繁殖行為（繁殖地）：

　繁殖於四月至七月，抱卵及育雛由雌雄輪流。

◎亞種與分佈：(howard & Moore ,1991)

E.c.caeruleus：非洲、亞洲南部

E.c.vociferus：南亞、東亞（台灣是迷鳥）

E.c.sumatranus：蘇門達臘

E.c.hypoleucus：從爪哇到菲律賓和蘇拉威西島（Sulawesi）

E.c.wahgiensis：新幾內亞東部和中部

頭白，眼睛暗紅色，背灰色，尾短白色。為迷鳥，常出現於海邊。（陳加盛攝）

鷲鷹科　*Accipitridae*
CITES II非全球性瀕臨危機。屬台灣珍貴稀有保育類動物

黑冠鵑隼

Aviceda leuphotes　　　Black Baza　　　大陸：黑冠鵑隼

W66～80cm　　L30～35cm　　168～224g

鷲鷹科　黑冠鵑隼

成鳥特徵：

　頭部：為藍黑色，具長冠羽。翼及背部：大致為黑褐色，翼上有白色橫帶。胸腹部：胸白色，胸腹交界處有一黑色橫斑，腹部為紅褐色橫斑。尾部：大致為黑褐色。足部：鉛灰色。

幼鳥特徵：

　頭部及背面為褐色，尾部有褐色橫斑，腹面橫斑為淺褐色。

雌雄辨別：

　雌雄體色相似。

停棲辨識：

　頭頂有明顯長冠羽，背面黑褐色，翼上有白色橫斑，胸部白色。

黑冠鵑隼飛行（周儒泰攝）

飛行辨識：

　翼末端黑色，翼下覆羽黑褐色，次級飛羽褐色，胸部白色。

飛行類似種：

　鳳頭蒼鷹翼密佈橫斑。黑肩鳶翼下黑色，腹部為白色。

黑冠鵑隼飛行（粘國隆繪）

台灣賞鷹圖鑑

棲息與分布狀況：

　　1999年10月下旬蔡乙榮於墾丁社頂發現遷移過境共3次8隻。2000年10月中旬蔡乙榮再度發現過境社頂1隻次。為台灣迷鳥。

習性：

　　棲息於山腳平原、丘陵、山區森林、草坡、林緣農田地帶，常單獨在空中盤旋，夾雜鼓翼，在樹林間或地面覓食。性警覺不易靠近。晨昏時活動較頻繁。

獵物種類：

　　以大型昆蟲為主，次要為鼠類、蜥蜴、蛙類、蝙蝠。

獵食方式：

　　在空中盤旋或棲於樹上，看見獵物則至地面捕捉覓食。

身體特徵與獵食的關係：

　　體上面較暗色，有助於在樹林間的掩護，不易被獵物發現。體下面有褐色斑紋，使地面上的獵物視覺混淆。

築巢位置：築巢於森林中河流岸邊或鄰近的高大樹上。巢由枯枝組成，內襯植物的莖或葉。

卵數：2-3卵，為灰白色雜有茶黃色斑

繁殖行為：繁殖於四至七月（大陸），三月至五月（緬甸）

◎亞種與分佈：（howard & Moore ,1991）

A.l.1euphotes：喜馬拉雅山至印度西南部

A.l.burnana：緬甸、馬來西亞及中南半島

A.l.syama：尼泊爾、中國南部到中南半島

A.l.wolfei：中國大陸四川

A.l.andamanica：安達曼群島

←黑冠鵑隼幼鳥（粘國隆繪）

黑冠鵑隼成鳥（粘國隆繪）→

隼科　*Falconidae*

　　全世界共60種，台灣記錄5種，蘭嶼1種。其初級飛羽尖長，缺刻不明顯，飛行時以鼓翼及滑翔交替較多，較少盤旋，身手甚為敏捷，可在空中追擊飛鳥。長尾的紅隼類善於定點飛行，無論強風或微風，都可保持高度平衡，善於捕捉地面的小動物。而遊隼更是世界上飛行最快的鳥，俯衝時速可高達250km以上，善於在空中攻擊鳥類。

　　此科的猛禽，上嘴有齒突，下嘴有對應的缺刻，適於咬斷小動物之骨頭。有的可以見到紫外光，如紅隼，藉由獵物的排遺反射光線，幫助他們找到獵物的蹤跡。一般其眼睛下方會有黑色或灰色垂直斑帶，可以減低陽光反射。

　　大部分以鳥類、囓齒類、昆蟲為食。

雄鳥飛行時背面為灰藍色。（粘國隆繪）

隼科　*Falconidae*

CITES II非全球面臨危機。屬台灣珍貴稀有保育類動物

灰背隼

Falco columbarius　　Merlin　　大陸：灰背隼

W♂64～♀73.5cm　　L♂27.5～30.5cm♀31.5～34cm　　♂155～♀205g

成鳥特徵：

頭部：雄鳥為灰色，雌鳥為褐色雜有較淡色羽斑，喉部較白色。雌雄皆具眉斑，但雌鳥較粗。**翼及背部**：雄鳥為灰色，雌鳥為褐色雜有較淡色羽斑，翼下有白色點狀斑。**胸腹部**：雄鳥腹面底色為橙褐色，雜有許多斑點及縱軸紋，雌鳥腹面為淡白色底雜有許多粗橙褐色縱紋。**尾部**：雄鳥尾上面為灰色，雌鳥尾部有4-5條橫斑。**足部**：黃色。

幼鳥特徵：

幼鳥羽色較淺褐色，背部及翼上覆羽各羽羽緣淡色，腹面底色

雄鳥頭頂、體上面灰藍色，喜棲於突出物上。（粘國隆繪）

較白。　　　　雌鳥飛行時，翼末端不為黑色，翼下成斑點狀。（紅隼初級飛羽上面黑色）

（粘國隆繪）

雌雄辨別：

　　雌鳥體爲褐色調雜有許多粗斑紋，雄鳥背面爲灰色。

停棲辨識：

　　雄鳥頭頂及背上灰色無斑，雌鳥有眉斑，背及翼上有淡色羽斑。

飛行辨識：

　　雌鳥翼尖型，背面有粗橫紋，腹面有粗縱紋，翼下有白色點狀斑，翼末端上面斑紋平均。雄鳥翼尖型，尾略長，背面爲灰色。

飛行相似種：

　　燕隼翼尖長而尾短，背面爲黑褐色。紅隼雄鳥背部爲赤褐色，雌鳥的背面及腹面斑紋均較細，翼下無白色點狀斑，翼末端上面較黑。遊隼體較粗壯大型。黃爪隼雄鳥背面赤褐色無斑點，雌鳥翼下覆羽斑紋稀疏，爪淡色。

雌鳥有細眉斑，背上橫紋比紅隼粗。（粘國隆繪）

棲息與分布狀況：

　　爲台灣迷鳥。僅1985年
11月於關渡，1986年3月
於蘭嶼，1990年4月於新
竹港南，1996年4月於蘭
嶼有發現記錄。出現於海
邊濕地平原較多。

習性：

　　常單獨於平原上方飛行
覓食，休息時棲停於樹上
或突出物上，有時棲停在
地面上。飛行時常鼓翼兼
滑翔並行。

雌鳥飛行時，尾部比紅隼稍短，
翼下成斑點狀。（蕭慶亮攝）

獵物種類：

　　以小鳥爲主，次要爲鼠類及昆蟲。遷移中主要以昆蟲爲主。

獵食方式：

　　有時會衝入鳥群中捕捉飛鳥。另外也會攻擊停棲在樹頂部的小
鳥。發現獵物時，低空接近在地面或空中捕捉。

身體構造與獵食的關係：

　　嘴短而勾，可增加咬合力。翼尖型，適於快速飛行。尾部稍
長，適於空中急轉彎，追擊飛鳥。頭部定位能力強，適於定點飛
行時看清地上獵物。

求偶行為（繁殖地）：

　　鼓翼強勁地飛行，或螺旋狀上升之後在半縮雙翼俯衝下降。8字
形或圓形飛行。雌雄螺旋狀盤旋飛行。林間追逐。棲停前稍爬升
後定點飛行，主要於交尾前的行爲。空中食物交接。巢中求偶動
作爲背躬起，翼下垂振動，尾張開下垂，頸部一直伸縮著。

築巢位置（繁殖地）：

　　築巢於樹上或懸崖上，在歐亞大陸的巢多築於灌叢底層地面

上，而美洲亞種多利用其他鳥在樹上的舊巢。

卵數：1-7卵，以3-5卵較多，卵為磚紅色，有暗紅褐色斑點。

抱卵期：28-32日

離巢日數：25-32日

繁殖行為：

　　繁殖於五月至七月，雌鳥負責抱卵，而雄鳥負責攜回食物，並在地面上交接（築巢於地面時）。雛鳥孵出十日後，雌鳥也開始外出獵食。雛鳥遇到人類侵擾時，會將身體倒躺，伸出腳爪攻擊。離巢約一個月後才完全自立。

◎亞種與分佈：(Howard & Moore,1991)

F.c.subaesalon：繁殖於冰島到英國和比利時

F.c.aesalon：繁殖於歐洲到蘇聯北部及西伯利亞西部

F.c.insignis：繁殖於西伯利亞東部，渡冬於日本、朝鮮半島、
　　　　　　　中國大陸南部及東南部，台灣為迷鳥。

F.c.pallidus：繁殖於高加索到亞洲中部

F.c.lymani：繁殖於阿爾泰山東部、天山到中國西部

F.c.columbarius：繁殖於阿拉斯加到紐芬蘭和美國北部、南部

F.c.suckleyi：英屬哥倫比亞西部到加州北部

F.c.richardsonii：繁殖於加拿大西南部和中部到美國中西部

CITES II非全球性瀕臨危機。屬台灣瀕臨絕種保育類動物

遊隼

Falco peregrinus　　Peregrine Falcon　　大陸：遊隼

W♂84～104cm～♀46～51cm　　L♂38～44.5cm♀46～51cm　　♂500～♀1200g

成鳥特徵：

頭部：頭上部大致為暗鉛灰色，眼睛下方形成倒三角型暗鉛灰色區域，喉部白色。眼睛外圈及蠟膜為黃色，虹膜為黑褐色。**翼及背部**：大致為暗鉛灰色，翼下面較白亦密佈橫斑。**胸腹部**：胸部漸有細點狀斑出現，至腹部斑紋形成橫斑。脥部及脛部為橫斑。**尾部**：上面暗鉛灰色有不明顯橫紋。**足部**：腳為黃色

幼鳥特徵：

幼鳥背面大致為褐色，各羽緣淡色，腹面為密集粗縱斑。

停棲辨識：

身體上部為暗鉛灰色，喉胸部白色，腹部有不連續橫斑。

雌雄辨別：

雌鳥胸部點狀斑較粗，腹部為短橫斑，體型較粗壯。雄鳥腹部為較細點狀斑。

飛行辨識：

飛行時，雙翼尖但較不長，但體型稍粗壯，體下面密佈橫斑或點狀斑，

飛行時翼尖長，尾適中，常鼓翼兼滑翔。（陳加盛攝）

喉胸部較白，尾部中等長度。常在空中鼓翼及滑翔交替飛行，偶爾盤旋。

飛行相似種：

紅隼體細長，翼尖長，尾較長，背面不為暗鉛灰色。燕隼翼極尖長，尾短，脛羽赤褐色。赤足隼體較小，尾較長。黃爪隼雄鳥背面赤褐色無斑

眼部下面為黑色，鼻孔內島狀突起明顯。（蕭慶亮攝）

點，雌鳥翼下覆羽斑紋稀疏，爪淡色。灰背隼雄鳥背面為灰色，雌鳥為暗橙褐色雜有斑紋，翼較短，尾稍長。

棲息與分布狀況：

為台灣不普遍冬候鳥、過境鳥及稀有留鳥。出現於河口、濕地、海岸懸崖。1994年正式記錄到遊隼在台灣北部濱海地區繁殖。常出現於野柳、東北角、關渡、大肚溪口、鰲鼓、曾文溪口、墾丁、蘇花公路。遷移季節常出現於猛禽遷移路徑上。

習性：

通常在上午，出現停棲於濕地邊緣突出物上，或海岸邊懸崖上。有時在空中鼓翼直線前進及盤旋尋找獵物。天氣不佳時，常棲停良久。

獵物種類：

以鳥類為主，如家燕、鳩鴿類、海岸水鳥、野鴨、鶉雞類等。依棲息的環境而異。

獵食方式：

於高空盤旋，尋找飛鳥，發現時即收縮雙翼，由高空俯衝追擊，以爪猛抓獵物後，爬升高度，待獵物掉落未落地前，再加速

成鳥胸部較少斑紋,腹部為橫斑。(蕭慶亮攝)

成鳥胸部暗帶紅褐色。（江紋綺攝）

俯衝抓取，攜至安全處拔毛進食。有時也會低飛，利用地形地物的遮掩，攻擊地面上的獵物。

身體構造與獵食的關係：

眼睛周圍及下方暗色，可減低陽光之反射。翼尖長，適於快速滑翔及鼓翼飛行。鼻孔中有島狀突起，可減低俯衝時氣流灌入鼻孔的壓力。各趾細長，爪彎曲銳利、下有肉球突起，適於捕捉飛鳥，增加摩擦力。

求偶行為：

1. 雄鳥將獵物在斷崖平臺上或在空中獻給雌鳥示好。

2. 互相追擊，快到對方旁邊時，仰起身體，伸出腳爪似模擬攻擊，然後互相抓住，胸部也互相接觸。有時也會順便在空中交接食物。

3. 雄鳥在雌鳥起飛之後，由後面追逐，追過之後，進行波浪狀飛行，一下子在雌鳥前面，一下子在後面。

4. 高空螺旋狀飛行，將翼尾張開到極限，盤旋上升。

成鳥腹部有橫斑，大的獵物常在地面進食。（陳加盛攝）

亞成鳥衝入反嘴行鳥群中，意圖攻擊。（姜博仁攝）

獵隼（F.cherrug）體型比遊隼稍大，繁殖於中國大陸北方，古代曾助獵人捕獵。（陳加盛攝）

亞成鳥腹部縱斑明顯，出現於海邊，以水鳥為獵物。（姜博仁攝）

5.在高空螺旋狀飛行上升之後，將雙翼收縮至緊閉狀態俯衝，不久，身體慢慢仰起，而面向相反方向。之後，稍微鼓翼，又重複前述動作。

　　6.為8字飛行，在巢前的空域進行。

築巢位置：

　　巢築於海岸斷崖的小平臺上。巢以枯枝組成，內襯一些枯草、羽毛。

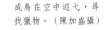

成鳥在空中巡弋，尋找獵物。（陳加盛攝）

卵數：1-6卵，但以3-4卵較多，卵為紅褐色

抱卵期：29-32日

離巢日數：35-42日

繁殖行為：

　　繁殖於四到七月，抱卵主要以雌鳥為主，雄鳥將食物帶回時在空中交接給雌鳥。卵將近孵化時，雌鳥守著巢，雄鳥也將食物攜回巢中。雛鳥孵出後，由雄鳥將食物攜回巢中交給雌鳥餵養。約十五日雛鳥稍大之後，雌鳥也開始外出獵食。育雛期，起初由雄鳥防衛空域，後雌鳥也加入防衛，對同種及其他威脅雛鳥的猛禽、鴉科給予迎頭痛擊。但遇到極危險的敵人時，曾觀察到親鳥以嘴叼走雛鳥到他處的情形。

繁殖年齡：3年

◎亞種與分佈：(howard & Moore ,1991)

F.p.pealei：加拿大西部及美國西部沿岸

F.p.cassini：智利南部、福克蘭群島

F.p.peregrinus：繁殖於歐洲到蘇聯北部、高加索

F.p.calidus：繁殖於蘇聯北部及西伯利亞北部，渡冬遠達南非及新幾內亞，
　　　　　　　（花梨隼，台灣為迷鳥）

F.p.japonensis：繁殖於西伯利亞東部、日本，(可能繁殖及渡冬於台灣)

隼科 遊隼

台灣賞鷹圖鑑

成鳥背面暗鉛灰色，喉白，
腳趾長，趾下有肉球突起。

（粘國隆繪）

F.p.brookei：地中海地帶

F.p.babylonicus：伊拉克到蒙古及印度半島北部

F.p.peregrinator：印度、斯里蘭卡到中國中部。(赤胸隼，迷鳥)

F.p.minor：非洲西部到東部

F.p.submelanogenys：澳洲西南部

F.p.macropus：澳洲(西南部除外)

F.p.madens：綠角群島（Cape Verde Is）（大西洋）

F.p.radama ：馬達加斯加、科模羅群島（Comoro is）（非洲）

F.p.furuitii：硫磺島

F.p.ernesti：印尼、菲律賓群島、新幾內亞、蘇拉威西（Sulawesi）

F.p.nesiotes：新赫布里群島（New Hebrides）、羅亞提群島（Loyalty is）、
　　　　　　　新喀裡多尼亞群島（New Caledonia）（大洋洲）

飛行時可見翼末端十分尖長，尾短，飛行十分迅速。
（蕭慶亮攝）

隼科　*Falconidae*
CITES II非全球瀕臨危機。屬台灣珍貴稀有保育類動物

燕隼

Falco subbuteo　　Eurasia Hobby　　大陸：燕隼

W♂72〜♀84cm　　L♂32〜♀37cm　　♂131〜♀340g

成鳥特徵：

　　頭部：頭頂為暗褐色，眼睛下方有垂直條狀斑，上方有眉斑，眼圈和蠟膜黃色。**翼及背部**：為暗褐色。**胸腹部**：腹面底色為白色，胸腹部有縱斑，下腹部及脛羽為赤褐色。**尾部**：為暗褐色。**足部**：黃色。

幼鳥特徵：

　　背面各羽羽緣淡色，脛部不為赤褐色有縱斑。

雌雄辨別：

　　胸部雄鳥為白色底，雌鳥略帶淺黃褐色。雄鳥背面較鉛灰色，

成鳥頭頂背面鉛灰色，脛羽紅褐色。（陳加盛攝）

雌鳥較褐色。脛羽雄鳥無斑，雌鳥有細縱斑。

停棲辨識：

　頭頂暗鉛灰色，臉兩側及喉部白色，有細眉斑，脛羽紅褐色，
尾短。

飛行辨識：

　翼極尖長，滑翔時翼向後掠幾與尾端等齊，尾稍短。成鳥下腹
部可見赤褐色羽，背面暗褐色。

飛行類似種：

　遊隼體粗壯，翼較短。紅隼翼較其為短且較不尖長，尾較長，
背面為赤褐色或橙褐色。灰背隼雄鳥背面為灰色，雌鳥為暗橙褐
色雜有斑紋，翼較短，尾稍長。赤足隼雄鳥翼下覆羽白色，雌鳥
體色較灰色。

棲息與分布狀況：

　台灣稀有過境鳥及冬候鳥。出現於海邊濕地、海岸、平原，如

野柳、東北角、蘭陽溪口（渡冬）、礁溪、墾丁、滿洲，遷移季節常可見於猛禽遷移路徑。

習性：

常於空中滑翔覓食，飛行的時間甚長。遇紅隼時，常追趕之。

獵物種類：

以昆蟲及鳥類為主，次要為蝙蝠。燕子常是其他獵物較少時才會捕捉。也會搶奪紅隼的捕捉到的如鼠類等獵物。

獵食方式：

捕捉高速飛行的燕子或雨燕時，於較低空飛行之後急速爬升，伸出腳爪捕捉。有時利用地形地物的遮掩，是從建築物之背後突然出現來捕捉獵物。有時也從空中俯衝捕捉地面的獵物。捕捉到昆蟲時，常邊飛邊進食。鳥類則於棲停處進食。

身體構造與獵食的關係：

眼睛下方暗色可減低光線反射至眼睛。翼極尖長，適於快速飛行。趾稍細長，下有肉球突起，適於捕捉飛鳥。

求偶行為（繁殖地）：

雄鳥以嘴叼著獵物，低著頭向雌鳥示好，雌鳥於接受獵物後即飛走。有時也會在空中交接，雄鳥先叼著食物邊飛邊叫，雌鳥聽到後，即飛出追上雄鳥，接近時將身體仰起，以爪攫住雄鳥嘴中的食物，或者雄鳥將食物放開落下，由雌鳥在空中攫取。另外雄鳥也會在雌鳥上方以8字型飛行。

亞成鳥脛羽飛紅褐色，腹面縱斑明顯。
（蕭慶亮攝）

燕隼飛行比紅隼更靈巧，故相遇時常追擊紅隼。（蕭慶亮攝）

築巢位置（繁殖地）：

　　築巢於離地5-30m的樹上較多，懸崖上的例子較少。常會利用或侵占鴉科的舊巢。

卵數： 1-4卵，3卵較多，卵白色，密佈紅褐色斑點

抱卵期： 28-31日

離巢日數： 28-34日

繁殖行為（繁殖地）：

　　繁殖於五月至七月，抱卵由雌鳥擔任，雄鳥負責攜回食物，在空中交接給雌鳥。孵化後約十日內，雌鳥不離開巢，由雄鳥攜回食物餵養雌鳥及雛鳥。十日後，雌鳥漸外出獵食供應食物。離巢後五週，由親鳥再供應食物，但幼鳥也漸漸學習獵食昆蟲。

繁殖年齡： 2年

◎亞種與分佈：(Howard & Moore,1991)

F.s.subbuteo：繁殖於歐洲、亞洲大陸中部、東部

F.s.jugurtha：地中海東部到蘇聯南部和印度半島北部

F.s.streichi：繁殖於中國中部和南部、寮國，渡冬於中國南方沿海、台灣

風小時，採鼓翼定點飛行，
頭部可在空中定位不動。（黃光瀛攝）

隼科　*Falconidae*

CITES II非全球瀕臨危機。屬台灣珍貴稀有保育類動物

紅隼

Falco tinnunculus　　Common Kestrel　　大陸：紅隼

W♂68.5〜♀76cm　　L♂33〜♀38.5cm　　170〜210g

成鳥特徵：

　　頭部：雄鳥頭部為灰色，眼睛下方有灰色垂直條狀斑塊，雌鳥大致為黃褐色底，頭部上有縱紋。**翼及背部**：雄鳥為紅褐色雜有黑色點狀斑點。雌鳥黃褐色有短橫紋。**胸腹部**：雄鳥有點狀斑。雌鳥有許多縱斑。**尾部**：雄鳥尾部上面為灰色，末端有一道橫斑，雌鳥尾部有許多明顯橫斑，末端的橫斑較粗。**足部**：黃色。

幼鳥特徵：

　　幼鳥似雌鳥，但體色較淺。

雌雄辨別：

　　雌鳥全身為黃褐色，背面為短橫斑。雄鳥頭部及尾部為灰色，背面為點狀斑。

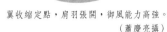

翼收縮定點，肩羽張開，御風能力高強。
（蕭慶亮攝）

雄鳥頭尾灰色，背上有點狀斑，常棲於突出處。（艾台霖攝）

停棲辨識：

雄鳥頭尾灰色，背面有點狀斑，雌鳥褐色背部有不連續橫斑，初級飛羽上面黑色，喜棲於空曠地突出物上。

飛行辨識：

翼稍尖長，尾亦較長。雄鳥可見頭尾灰色，末端有一黑橫斑。雌鳥體背面較多橫斑，尾部密佈橫紋，翼末端較黑。常有定點飛行行為，風強時，採肩羽張開，雙翼收縮姿勢；風小時，則採鼓翼，尾羽張開姿勢。

飛行相似種：

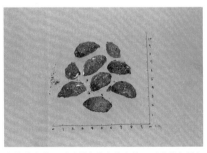

紅隼的食繭，可以用來檢查其食性。（姜博仁攝）

遊隼體較粗壯，翼較不尖長，尾較短，背面較暗色。燕隼之背面較黑，翼較尖長，尾較短。灰背隼雌鳥之翼下覆羽有白色斑點，腹面縱紋較粗，雄鳥背面為鉛灰色。黃爪隼之雌鳥翼下覆羽

雌鳥飛行時翼尖長，翼尾密佈橫斑，尾羽長且常打開。（梁皆得攝）

一方俯衝之後，一方伸出腳爪迎擊。（蕭慶亮攝）

收縮雙翼急速俯衝捕捉獵物。（蕭慶亮攝）

雌鳥全身褐色有斑紋。（陳加盛攝）

斑紋較稀疏，爪爲淡色，雄鳥背面無斑點。赤足隼雄鳥翼下覆羽
白色，脛羽及尾下覆羽紅褐色，雌鳥體色較灰色。灰面鵟鷹翼稍
狹長，翼後緣平整，末端略尖，初級飛羽上面爲赤褐色。

棲息與分布狀況：

　爲台灣普遍之冬候鳥。出現於海邊、濕地、河川、平原、低海
拔山區空曠地、高山草原，分佈極爲廣
泛，曾發現生活於合歡山區。

習性：

　於上午約八時起開始覓食，常於
空中飛行。捕獲獵物之後，就停棲
於樹上或其他突出物上休息。下午
常持續覓食至黃昏時刻，於天色昏暗
時夜棲於樹上、懸崖、大樓、鐵塔或
水塔等人工環境。

紅隼上嘴有齒突，鼻孔較圓，
中間有島狀突起，眼睛較暗色。（黃光瀛攝）

獵物種類：

以鼠類及小鳥為主，次要為昆蟲等

獵食方式：

最常見於空中定點尋找獵物。風勢強勁時，其會將雙翼收縮，肩羽微張，並不時擺動尾部取得平衡，使其定點於空中。風勢微弱時，採用雙翼鼓動尾部張開的定點方式。這時兩眼均不時向下搜索地面，發現時隨即垂直俯衝捕捉，之後攜至安全處進食。可以利用小動物糞便反射的紫外線尋獲獵物棲息位置。

身體構造與獵食的關係：

定點飛行時，可於空中將頭部定位，不受身體晃動影響，可在飛行時使視覺更為清晰，不會產生震動。翼尖型，適於滑翔及快速鼓翼，加快飛行速度。尾部較長，適於在空中靈活變換方向，追擊飛鳥。可看到紫外光，可以利用小動物糞便反射的紫外線尋獲獵物棲息位置。

頂著強風將雙翼收縮到最小，肩羽張開減低速度。（蕭慶亮攝）

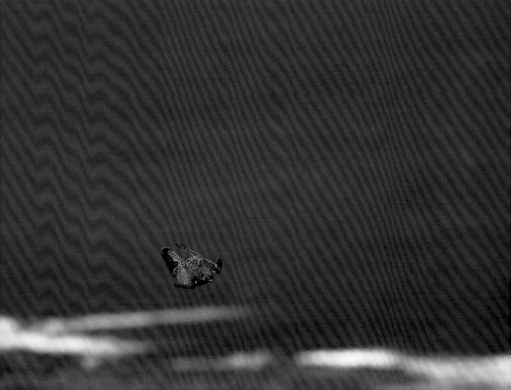

台灣賞鷹圖鑑

亞成鳥羽色較淡，紅隼是台灣常見的冬候鳥。（王健得攝）

求偶行為（繁殖地）：

　　通常雄鳥會以食物向雌鳥獻好，於空中或停棲時交給雌鳥。雌雄一起於空中飛行，雄鳥由雌鳥下方超越，然後片刻定點飛行。另一種為雄鳥於空中對雌鳥模擬攻擊。

築巢位置（繁殖地）：

　　位於懸崖之洞穴中，樹洞、或於大樓之種花窗臺，已適應人類環境。有時利用其他鴉科鳥類的舊巢。巢以枯枝組成，內襯草莖、枯草和羽毛。

卵數：1-9卵，以3-6卵較多，卵為白色，密佈紅褐色斑

抱卵期：27-31日

離巢日數：27-30日

繁殖行為（繁殖地）：

　　繁殖於五月至七月，抱卵工作為雌鳥負責，雄鳥則負責將獵物攜回於空中交接給雌鳥。雛鳥孵化後兩週內，雌鳥一直守著巢。孵化約20日後，雄鳥會直接將食物攜回巢中，雌鳥也會開始在附近獵食。離巢後約一個月或甚至半年，都會繼續向親鳥索食。

雌鳥捕捉地面之大型昆蟲。（王健得攝）

繁殖年齡：1-2年

◎亞種與分佈：(Howard & Moore,1991)

F.t.tinnunculus：繁殖於歐洲到亞洲東北部，渡冬於非洲中部、印度、
　　　　　　　　台灣(稀有冬候鳥)

F.t.canariensis：馬得拉群島（Madiera）（非洲西岸）

F.t.dacotiae：加納利群島（Canary is）東部、
　　　　　　　藍薩羅特島（Lanzarote）（非洲西岸）

F.t.neglectus：綠角群島（Cape Verde is）北部

F.t.alexandri：綠角群島（Cape Verde is）南部

F.t.rupicolaeformis：埃及、葉門南部

F.t.archeri：索科德拉島（Socotra I）、索馬利亞（Somalia）、
　　　　　　　肯亞東北部（非洲東岸）

F.t.rufescens：幾內亞（Guinea）、安哥拉（Angola）
　　　　　　　北部到衣索匹亞及坦尚尼亞（非洲中部）

F.t.interstinctus：喜馬拉亞山、中國大陸東北、中部及南部、日本，
　　　　　　　　渡冬於台灣、菲律賓、中南半島、馬來半島

F.t.objurgatus：印度南部

F.t.rupicolus：非洲中南部

風強時，採翼收縮定點，肩羽張開，以尾部保持平衡。（梁皆得攝）

兩隻亞成鳥比翼雙飛，御風玩耍追逐。（蕭慶亮攝）

隼科　*Falconidae*

CITES II非全球瀕臨危機。屬珍貴稀有保育類動物

赤足隼（紅腳隼）

Falco amurensis　　Amur Falcon或Eastern Red-footed Falcon

大陸：紅腳隼

W70～72cm　　L♂25.5～29.5cm♀26.8～30cm　　♂124～150g♀138～190g

成鳥特徵：

　頭部：雄鳥為暗鉛灰色，雌鳥為鉛灰色，臉側及喉部白色，虹膜暗褐色，眼圈及蠟膜黃色。**翼及背部**：雄鳥背部為暗鉛灰色，翼為灰褐色，無斑，翼下覆羽白色。雌鳥為暗灰色，具橫斑。**胸腹部**：雄鳥腹面為暗鉛灰色，雜有許多縱軸紋，脛羽紅褐色。雌鳥腹面為淡白色底，胸雜有許多黑褐色縱紋，腹兩側有橫紋，中間有點狀斑。**尾部**：雄鳥尾上面為灰色，尾下覆羽紅褐色。雌鳥尾部有橫斑。**足部**：橙黃色

幼鳥特徵：

　幼鳥羽色似雌鳥較褐色，背部及翼上覆羽有顯著淡色羽斑，腹面具粗縱紋。

雌雄辨別：

　雄鳥背面較暗色，翼下覆羽白色，尾部無橫斑。雌鳥體較灰色，斑紋較明顯，翼下覆羽有斑

雄鳥飛行時翼下覆羽白色，餘暗色。
（粘國隆繪）

點。

停棲辨識：

雄鳥全身暗鉛灰色，雌鳥背為暗灰色，具橫斑。

飛行辨識：

雄鳥翼尖型，翼下覆羽白色，脛羽及尾下覆羽紅褐色，尾略長。雌鳥，背面有橫紋，腹面有縱紋，翼下覆羽有點狀斑。飛行時兩翼鼓動迅速。

雌鳥體色較淺，腹面有許多斑紋。（粘國隆繪）

飛行類似種：

燕隼翼尖長而尾短，背面為黑褐色，翼下覆羽不是白色。紅隼雄鳥背部為赤褐色，雌鳥的背面及腹面斑紋均較褐色。遊隼體較粗壯大型，尾比例較短。黃爪隼雄鳥背面赤褐色無斑點，雌鳥翼下覆羽斑紋稀疏，爪淡色。

棲息與分布狀況：

棲息於疏林帶、林緣、草地、平原、河流、山谷，1991年4月於蘭嶼發現，為台灣迷鳥，未有正式紀錄。繁殖於西伯利亞、朝鮮半島、蒙古、中國大陸北部及中部，渡冬於印度、中南半島、中國大陸南部及東南部。

習性：

常單獨於平原上方飛行覓食，休息時棲停於樹上或突出物上。飛行時常鼓翼兼滑翔並行。

獵物種類：以昆蟲為主，次要為小鳥、蜥蜴及鼠類。

獵食方式：

在飛行巡弋時發現獵物，則往下俯衝捕捉。也可以在空中追擊

雄鳥體色較暗鉛灰色，脛羽及尾下覆羽紅褐色。（粘國隆繪）

雌鳥翼下密佈橫斑末端稍黑，臉頰白色。
（粘國隆繪）

獵物。

身體構造與獵食的關係：

　　嘴短而勾，可增加咬合力。翼尖型，適於快速飛行。尾部稍長，適於空中急轉彎。

築巢位置（繁殖地）：

　　築巢於高大的樹上，也會佔用鴉科鳥類的巢。有集體營巢的傾向。巢直徑約35-51公分，以枯枝組成，內襯蘆葦和少量泥土。

卵數：4-5卵，以4卵較多，卵為白色，有紅褐色斑點

抱卵期：22-23日

離巢日數：27-30日

繁殖行為（繁殖地）：

　　繁殖於五月至七月，雌雄鳥輪流抱卵。雛鳥孵出後，由雌雄鳥共同養育。離巢約一個月後才完全自立。

◎亞種及分布：單一種，未發現其他亞種。

雄鳥飛行時可見背上有三角形紅褐色，
翼上飛羽黑色，頭尾灰色。（粘國隆繪）

隼科　*Falconidae*

CITES II非全球瀕臨危機。屬珍貴稀有保育類動物

黃爪隼

Falco naumanni　　Lesser Kestrel　　大陸：黃爪隼

W70～74.5cm　　L29～33.5cm　　124～150g

成鳥特徵：

　　頭部：雄鳥為鉛灰色，喉部淡乳黃色，雌鳥為淺褐色雜有許多縱紋，眼圈及蠟膜黃褐色，虹膜暗褐色。**翼及背部**：雄鳥翼及背部為紅褐色無斑紋，翼下覆羽淡色雜有少許點狀斑。雌鳥為褐色，具細橫斑。**胸腹部**：雄鳥腹面淺黃褐色，胸部無斑，腹部雜有點狀斑，雌鳥腹面有許多縱紋。**尾部**：雄鳥尾上面為灰色，末端有橫斑，雌鳥尾部有許多橫斑。**足部**：黃褐色，爪淡肉色。

幼鳥特徵：幼鳥羽色似雌鳥，背部及翼上覆羽橫斑較粗。

雌雄辨別：

　　雄鳥背面較紅褐色無斑。雌鳥頭、背面均有許多斑紋。

停棲辨識：

雄鳥翼及背部為紅褐色無斑紋，翼下覆羽淡色雜有少許點狀斑。雌鳥體大致為褐色，具細橫斑。足部黃褐色，爪淡肉色。

飛行辨識：

雄鳥翼尖型，背面可見明顯的紅褐色三角形區域，頭尾灰色。翼下面有點狀斑，尾略長。雌鳥背面有細橫紋，腹面有縱紋，翼下覆羽有點狀斑，翼上面初級飛羽黑色。

飛行類似種：

燕隼翼尖長而尾短，背面為黑褐色。紅隼雄鳥背部為赤褐色有點狀斑，雌鳥頭部較褐色，縱紋對比較小。遊隼體較粗壯大型。赤足隼雄鳥僅翼下覆羽白色，餘暗鉛灰色；雌鳥背上較

雄鳥頭尾灰色，背上紅褐色無斑點。（粘國隆繪）

鉛灰色，翼末端稍黑色。灰背隼雄鳥背面鉛灰色，雌鳥深褐色有明顯眉斑。

棲息與分布狀況：

棲息於疏林帶、林緣、草地、平原、河流、山谷，疑似於觀音

山春季過境時發現，爲台灣迷鳥，未有正式紀錄。繁殖於歐亞大陸中西部者，渡冬於非洲；繁殖於中國大陸河北省，渡冬於雲南省西部、東南部。

習性：

常成對或小群活動於荒山岩石地帶及疏林帶飛行覓食，性活躍，常在空中飛行。

獵物種類：以昆蟲爲主，次要爲小鳥、小蛇、鼠類。

獵食方式：

在飛行巡弋時發現獵物，則往下俯衝捕捉。也會在空中定點飛行，搜尋獵物。發現時俯衝而下捕捉。強風時則雙翼收縮不動定點。

身體構造與獵食的關係：

嘴短而勾，可增加咬合力。翼尖型，適於快速飛行。尾部稍長，適於空中急轉彎。

求偶行為（繁殖地）：

與紅隼類似，雄鳥腳攜著獵物帶築巢地上空盤旋，選定雌鳥之後，緊跟在後，將它導引至巢穴。雄鳥會將獵物獻給雌鳥。

築巢位置（繁殖地）：築巢於懸崖的小縫隙，建築物如教堂、廢墟、古蹟的縫隙或屋簷。巢爲凹穴，僅有動物或昆蟲的殘骸。

卵數：2-8卵，以3-5卵較多，卵爲白色或淺黃色，有紅褐色斑點

抱卵期：28-29日

離巢日數：28日

繁殖行為（繁殖地）：繁殖於五月至七月，最後一個卵產後開始抱卵，日間主要由雌雄輪流抱卵，夜間則由雌鳥。雛鳥孵出後，由雄鳥負責運回食物養育。繁殖期間表現出強烈的防衛行爲，猛禽及烏鴉都會被驅離。離巢約一個月後才完全自立。

繁殖年齡：1年

◎亞種及分布：單一種，未發現其他亞種。

台灣最佳賞鷹地20選

　　台灣山多，可以觀察到留鳥猛禽的地方也不少，另外，又是東亞猛禽遷移的必經之地，因此在遷移季節時可一次觀賞到數量及種類較多的猛禽，可快速增加辨識功力。為了讓鳥友更容易找到，附上衛星座標資料（採用TM2虎子山二度分帶TAIWAN　GRID，可利用導航程式轉換成經緯度座標），可用衛星接收器、電腦導航軟體或汽車導航指引找到正確位置。

屏東縣墾丁地區——
社頂、龍鑾潭、滿洲

　　每年九月中旬起，赤腹鷹大量過境
墾丁，其他遷移性猛禽如澤鵟、蜂鷹
及魚鷹也開始陸續過境。十月上旬起
灰面鵟鷹陸續加入過境行列，滿洲鄉
賞鳥人潮也達到最高潮。清晨起可到
社頂賞鷹亭、牧場等地觀賞猛禽南飛
或入境，下午可至滿州里德橋觀賞灰
面鵟鷹落。龍鑾潭也是水邊猛禽造訪
之處，不可錯過。

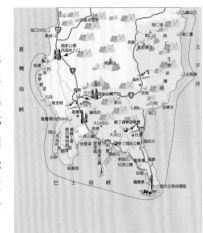

滿洲（蕭慶亮攝）

滿洲（蕭慶亮攝）

滿洲（蕭慶亮攝）

社頂（江紋綺攝）

位置：

屏東縣恆春鎮墾丁國家公園，

TAIWAN GRID社頂（230820,2428642），

龍鑾潭（223456,2431374），滿洲（232888,2436209）

最佳觀賞時間：

9月中旬至10月下旬

觀察到的猛禽：（主要為過境猛禽）

赤腹鷹、灰面鵟鷹、蜂鷹、紅隼、遊隼、燕隼、大冠鷲、

鳳頭蒼鷹、澤鵟屬、魚鷹及其他稀有猛禽

交通：

自行開車者，沿屏鵝公路南下到達恆春、墾丁；搭乘巴士者

可於高雄台汽站搭往恆春或墾丁班車

食宿：

可住宿於墾丁或恆春地區旅館、民宿、公家招待所相當便利。

彰化八卦山賞鷹平台、安溪寮

每年三月中旬起至四月初，在八卦山賞鷹平台、安溪寮可觀賞大量灰面鵟鷹過境，尤其是三月二十日前後三天，是過境高峰期，可選擇天氣多雲至晴的日子，於上午十一時到下午四時均是觀賞的良好時機。

位置：
彰化縣彰化市，TAIWAN GRID 賞鷹平台(205314,2662641)，
安溪寮(206551,2663469)

最佳觀賞時間：
3月中旬至3月底

觀察到的猛禽：（主要為過境猛禽）
灰面鵟鷹、大冠鷲、鳳頭蒼鷹、台灣松雀鷹、蜂鷹、澤鵟、
魚鷹及其他稀有猛禽

交通：
自行開車者可由彰化市大佛牌樓進入，至老人安養院旁賞鷹
平台入口，進去即是；欲至安溪寮者走往草屯彰南路，
至大竹安溪路右轉進入山區，經過公墓即到安溪寮。

食宿：
山區餐飲不便，應自備中餐上山

棲於八卦山的灰面鵟鷹（蕭慶亮攝）

八卦山（蕭慶亮攝）

台北縣八里鄉觀音山

　　這裡是北部的春季北返猛禽遷移路徑，有時會出現稀有猛禽。從上午9時起天空不時會有猛禽盤旋，鷹況相當好，有時會見到猛禽的空中鬥爭。

位置：

台北縣八里鄉，TAIWAN GRID（292959,2782100）

最佳觀賞時間：

3月中旬至5月底

觀察到的猛禽：　（主要為過境猛禽）

灰面鵟鷹、北雀鷹、日本松雀鷹、大冠鷲、鳳頭蒼鷹、

台灣松雀鷹、赤腹鷹、蜂鷹、魚鷹、遊隼、紅隼，

偶爾見到花鵰、白肩鵰、蒼鷹、燕隼

交通：

自行開車者至八里鄉，走產業道路轉往觀音山，

至山腰空曠處即可

食宿：

可住宿於台北市，上山應準備中餐及飲料

台北萬里觀音山（梁皆得攝）

台北市陽明山中正山

　　爬上中正山廢棄二樓碉堡，豁然開
朗、淡水河景觀清晰可見，陽明山區盤
旋的猛禽都在視線範圍，有時會接近至
數十公尺的近距，令人嘆為觀止。

台灣賞鷹圖鑑

位置：

台北市陽明山中正山，TAIWAN GRID(301514,2784011)

最佳觀賞時間：

2月至4月

觀察到的猛禽：（主要為過境猛禽）

大冠鷲、鳳頭蒼鷹、台灣松雀鷹、灰面鵟鷹、赤腹鷹、蜂鷹、
紅隼，偶而見到白肩鵰、花鵰、魚鷹、遊隼、燕隼

交通：

自行開車至陽明山國家公園，停車於中正山入口，步行進入

食宿：

可住宿於台北市或陽明山民宿，上山應準備中餐及飲料

中正山（梁皆得攝）

中正山（黃光瀛攝）

中正山（蕭慶亮攝）

新竹縣新豐鄉蓮花寺

　　新豐鄉是春季猛禽過境路徑，三月灰面鷲鷹過境季節，可以見到它們通過上空，最特殊的是許多遷移性猛禽也會選擇此地過境。

位置：

新竹縣新豐鄉蓮花寺，

TAIWAN GRID（245284,2752333）

最佳觀賞時間：

3月中旬至4月中旬

觀察到的猛禽：（主要為過境猛禽）

灰面鷲鷹、赤腹鷹、蜂鷹、紅隼、日本松雀鷹，

偶爾可見北雀鷹、蒼鷹、燕隼、白肩鵰、花鵰、魚鷹

交通：

自行開車由新竹走台15號省道往北，至竹北濱海遊憩區旁

食宿：

可住宿於新竹市，自行準備中餐及飲料

台灣賞鷹圖鑑

新豐蓮花寺（蕭慶亮攝）　　　　　　新豐蓮花寺（蕭慶亮攝）

台東縣樂山

　　樂山是赤腹鷹秋季南遷時的過境路徑，可見到壯觀的鷹群，其他遷移性猛禽亦會通過此地，留鳥猛禽包括稀有種當然也不會缺席。

位置：

台東市樂山，

TAIWAN GRID（249643,2509545）

最佳觀賞時間：

9月中旬至翌年4月中旬，9月中旬至10月初尤佳

觀察到的猛禽：（主要為過境猛禽）

赤腹鷹、大冠鷲、鳳頭蒼鷹、台灣松雀鷹、林鵰、赫氏角鷹、蜂鷹、澤鵟、遊隼、紅隼

交通：

自行開車沿台九號省道進入知本溫泉支線，往「泓泉大飯店」叉路，注意往樂山招牌指標，往上至三叉路走中間路線上坡。

食宿：

可住宿於台東市，自行準備中餐及飲料

台東樂山
（林幸慧攝）

基隆市基隆港

是北部最易觀賞老鷹的地方，每天老鷹約在十一時左右起開始出現，一直到下午都是老鷹出現機率最高時刻。牠們就在馬路邊低空盤旋覓食，不畏懼人類。

位置：

基隆市忠一路，

TAIWAN GRID（323937,2780657）

最佳觀賞時間：

8月至翌年4月，9月數量較多

觀察到的猛禽：（主要為留鳥猛禽）

老鷹

交通：

自行開車者至忠一路天橋基隆港口，搭乘巴士者在國光號下車站即是基隆港

食宿：

可住宿用餐於基隆市，相當便利

台灣賞鷹圖鑑

老鷹於基隆港覓食（蕭慶亮攝）　　　　　　基隆港（蕭慶亮攝）

宜蘭縣福山植物園

福山植物園是林務局的試驗林區，保存台灣最原始的森林景觀，野生動物眾多，並可見到鴛鴦、大型鷗鵑、稀有猛禽，入園應小心毒蛇、毒蜂、螞蝗。

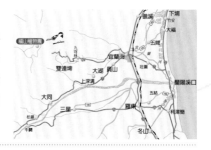

位置：
宜蘭縣員山鄉福山林試所，TAIWAN GRID(313099,2738195)

最佳觀賞時間：
9月至翌年4月，1、2月猛禽求偶期更佳

觀察到的猛禽：（主要為留鳥猛禽）
大冠鷲、鳳頭蒼鷹、台灣松雀鷹、林鵰、赫式角鷹、蜂鷹

交通：
開車自行前往經宜蘭市、員山、大湖至福山植物園，
需事先以公文申請辦理入山許可

食宿：
可住宿宜蘭市，園區禁止露營，自行準備中餐及飲料，
上午九時始可進入，下午四時需離開

福山植物園 （蕭慶亮攝）

台北縣北宜公路

烏來及坪林林相保存完整，生態系複雜，是猛禽良好棲地，因此留鳥猛禽眾多。

位置：

台北縣新店北宜公路

TAIWAN GRID(310057,2761150)，

至宜蘭縣頭城鎮(329557,2749750)

最佳觀賞時間：

9月中旬至翌年4月中旬，1、2月猛禽求偶期更佳

觀察到的猛禽：（主要為留鳥猛禽）

大冠鷲、鳳頭蒼鷹、台灣松雀鷹、林鵰、蜂鷹，偶爾可見老鷹

交通：

自行開車沿台九號省道從烏來至頭城

食宿：

可住宿於台北市，自行準備中餐及飲料

北宜公路（梁皆得攝）

台中縣烏石坑

烏石坑現為農委會特有生物保育中心低海拔試驗站站址，裡面林相保存良好，低海拔鳥類及其他動物眾多，非常適宜賞鳥及觀賞猛禽，天氣晴朗的上午，鳳頭蒼鷹及大冠鷲常出現在天空盤旋，林鵰更是本地的特色，極有機會可親眼目睹牠們的英姿哦！

位置：
台中縣和平鄉烏石坑，TAIWAN GRID(242830,2687112)

最佳觀賞時間：
9月中旬至翌年4月中旬，1、2月猛禽求偶期更佳

觀察到的猛禽： （主要為留鳥猛禽）
大冠鷲、鳳頭蒼鷹、台灣松雀鷹、林鵰、蜂鷹

交通：
自行開車由東勢往烏石坑方向，注意路標指引前進

食宿：
可住宿於東勢或台中市，需自備中餐及飲料

烏石坑（周大慶攝）

烏石坑（周大慶攝）

嘉義縣豐山

豐山林相完整、動物繁多，是猛禽的良好棲息地，主要以觀賞留鳥猛禽為主，春秋季可發現過境猛禽。

位置：
嘉義縣阿里山鄉豐山村，
TAIWAN GRID(223276,2608800)

最佳觀賞時間：
9月中旬至翌年4月中旬，1、2月猛禽求偶期更佳

觀察到的猛禽：（主要爲留鳥猛禽）
大冠鷲、鳳頭蒼鷹、台灣松雀鷹、蜂鷹、赤腹鷹、灰面鵟鷹，偶爾可見林鵰

交通：
自斗南下交流道至梅山，接162甲縣道至太和，再至豐山

食宿：
可住宿於豐山，應備中餐及飲料

嘉義豐山（周大慶攝）　　　　　　嘉義豐山（周大慶攝）

台南縣曾文水庫

　　水庫週邊集水山區林相保存完
整，適合山區猛禽棲息及渡冬，
而水邊則適合老鷹及魚鷹覓食，
晴天的上午，天空猛禽出現率極
高，並可發現猛禽棲於枯枝。

位置：

嘉義縣大埔鄉從嘉義農場
TAIWAN GRID(204664,2572182)，到楠西鄉(197284,2565702)

最佳觀賞時間：

9月中旬至翌年4月中旬，1、2月猛禽求偶期更佳

觀察到的猛禽： （主要為留鳥猛禽）

大冠鷲、鳳頭蒼鷹、台灣松雀鷹、蜂鷹、老鷹、魚鷹，
偶爾可見林鵰

交通：

南下者自行開車由嘉義下交流道，往阿里山公路方向，
至台3線叉路，沿台3號省道南下。北上者由新化經左鎮、
楠西，即到曾文水庫

食宿：

可住宿於嘉義農場。食宿方便

由嘉義農場遠望曾文水庫(周大慶攝)

曾文水庫(周大慶攝)

高雄縣茂林多納林道

　　裡面的棲地環境保存良好，故猛禽密度很高。常見鳳頭蒼鷹、台灣松雀鷹及大冠鷲，偶而可見老鷹，稀有留鳥的出現率很高。沿著林道步行時，可以發現猛禽常盤旋在天空，大冠鷲的鳴聲不絕於耳。

位置：
高雄縣茂林鄉從風景區入口TAIWAN GRID(213279,2531429)，
到多納林道　(221199,2534189)

最佳觀賞時間：
9月至翌年4月

觀察到的猛禽：（主要為留鳥猛禽）
大冠鷲、鳳頭蒼鷹、台灣松雀鷹、老鷹、林鵰、
赫式角鷹、蜂鷹

交通：
自行開車經六龜或高樹至茂林鄉森林遊樂區，
沿著道路往內走至多納林道，因道路狹窄應小心會車

食宿：
可住宿於高雄市或茂林民宿，自行準備中餐及飲料

茂林（蕭慶亮攝）　　　　　　　　　　茂林（蕭慶亮攝）

台灣賞鷹圖鑑

屏東縣霧台、好茶

霧台有台灣老鷹的第二大族群，沿路皆可看到猛禽盤旋，路邊的枯木也要注意，鳳頭蒼鷹、大冠鷲、老鷹可能會棲停哦！另外觀賞稀有留鳥也是重頭戲。

位置：

屏東縣霧台鄉入口

TAIWAN GRID(215900,2515508)，到阿禮（224360,2513977），或德文(218653,2519151)，好茶(219264,2510473)

最佳觀賞時間：

9月至翌年4月，1、2月猛禽求偶期更佳

觀察到的猛禽：（主要為留鳥猛禽）

大冠鷲、鳳頭蒼鷹、台灣松雀鷹、老鷹、林鵰、

赫式角鷹、蜂鷹

交通：

開車自行前往經內埔、三地門至霧台，需自備公文辦理入山證

食宿：

可住宿高雄市或霧台、好茶民宿村，自行準備中餐及飲料

霧台（江紋綺攝）

台東縣知本林道

知本林道保存低海拔闊葉林相，植物、昆蟲及山鳥眾多，孕育猛禽棲息的良好的環境，晴朗的上午幾乎都見到盤旋的留鳥猛禽。

位置：

台東縣台東市知本林道入口

TAIWAN GRID(251278,2511451)，

到(247238,2512311)

最佳觀賞時間：

8月下旬至4月上旬

觀察到的猛禽：（主要為留鳥猛禽）

大冠鷲、鳳頭蒼鷹、台灣松雀鷹、林鵰、蜂鷹

交通：

自行開車沿台九號省道進入知本溫泉支線，

至「溫泉鄉大飯店」沿叉路往上

食宿：

可住宿於台東市，自行準備中餐及飲料

台東知本林道（林幸慧攝）

台東知本林道
（林鴻祥攝）

台東縣利嘉林道

利嘉林道前段十公里是開墾區，可見到低海拔常見山鳥，但裡面保存著原始闊葉林相，動植物皆相當豐盛，上午常可見到留鳥猛禽盤旋，有時棲停的相當靠近，可以大飽眼福，當然稀有猛禽的觀察也是重點，令人不虛此行。

位置：

台東縣卑南鄉從利嘉林道入口TAIWAN GRID(255432,2519766)，到(243587,2525573)

最佳觀賞時間：

9月中旬至翌年4月中旬，1、2月猛禽求偶期更佳

觀察到的猛禽：（主要為留鳥猛禽）

大冠鷲、鳳頭蒼鷹、台灣松雀鷹、林鵰、赫氏角鷹、蜂鷹，偶爾可見渡冬灰面鵟鷹

交通：

自行開車沿台九號省道至利嘉，注意往林道指標，沿產業道路往上

食宿：

可住宿於台東市，自行準備中餐及飲料

台東利嘉林道
（林鴻祥攝）

花蓮縣南安

　　南安爲玉山國家公園在花蓮縣的唯
一遊客中心所在地，林相保存完整，
野生動植物眾多，是猛禽的良好棲
地，可見到稀有的留鳥猛禽。

位置：

花蓮縣玉里鎮南安

TAIWAN GRID(275620,2577931)，到(272702,2580761)

最佳觀賞時間：

9月中旬至翌年4月中旬，1、2月猛禽求偶期更佳

觀察到的猛禽：（主要爲留鳥猛禽）

大冠鷲、鳳頭蒼鷹、台灣松雀鷹、林鵰、赫氏角鷹、
蜂鷹、澤鵟

交通：

自行開車沿台九號省道至玉里，轉18號公路至卓麓、南安

食宿：

可住宿於玉里鎮，自行準備中餐及飲料

花蓮南安（林鴻祥攝）

花蓮南安（林幸慧攝）

台北縣田寮洋

田寮洋為一田野空曠腹地，靠近海邊、亦有河流、山區樹林，渡冬猛禽及過境猛禽眾多，是觀賞猛禽的好地點。

位置：

台北縣貢寮鄉田寮洋，

TAIWAN GRID(342996,2763343)

最佳觀賞時間：

10月上旬至翌年5月上旬

觀察到的猛禽：（主要為度冬猛禽）

大冠鷲、鳳頭蒼鷹、台灣松雀鷹、灰面鵟鷹、赤腹鷹、蜂鷹、老鷹、紅隼、遊隼、日本松雀鷹、北雀鷹、鵟、魚鷹，偶爾可見蒼鷹、燕隼

交通：

自行開車由基隆走台2號省道往福隆，過鹽寮即到田寮洋

食宿：

可住宿於基隆市或貢寮，自行準備中餐及飲料

台北田寮洋(蕭慶亮攝)　　　　　　台北田寮洋（蕭慶亮攝）

宜蘭縣蘭陽溪口

蘭陽溪口是水鳥眾多的地區，溼地地形完整，腹地廣大，適合空曠地及水邊活動的猛禽棲息。

位置：

宜蘭縣五結鄉，

TAIWAN GRID(332786,2734610)

最佳觀賞時間：

9月中旬至翌年4月中旬

觀察到的猛禽：（主要為度冬猛禽）

紅隼、燕隼、遊隼、澤鵟、魚鷹，偶爾可發現老鷹、灰澤鵟、花澤鵟

交通：

自行開車由2號省道南下即可到達，或由宜蘭走7號省道再接2號省道

食宿：

可住宿於宜蘭市，應備中餐及飲料

蘭陽溪口（蕭慶亮攝）

台灣賞鷹圖鑑

嘉義縣鰲鼓

　　每年十月中旬起，有澤鵟、紅
隼或魚鷹等陸續到達，偶爾可見
老鷹、花鵰、游隼、日本松雀鷹
等，是觀賞水邊猛禽的良好地
點，其他雁鴨、鷺科及其他水鳥
數量相當多。

位置：

嘉義縣東石鄉鰲鼓村，TAIWAN GRID(160669,2600617)

最佳觀賞時間：

10月初至12月底，（12月下旬起風力增強，風沙較多）

觀察到的猛禽：（主要為度冬猛禽）

澤鵟、灰澤鵟、魚鷹、蜂鷹、紅隼、花鵰、日本松雀鷹，

偶爾看到老鷹、鵟、遊隼、花澤鵟

交通：

自行開車者可至朴子後往東前行至17號省道右轉往北，

至鰲鼓村入口左轉，直走至蒜頭農場進入。

（需停車檢查出示證件）

食宿：

可住宿於嘉義市，進入農場應自備中餐飲料

嘉義鰲鼓(蕭慶亮攝)

嘉義鰲鼓(蕭慶亮攝)

附錄

各地野鳥學會

中華民國野鳥學會
（110）臺北市永吉路30巷119弄34號1樓
TEL：02-87874551　　FAX：02-87874547

基隆市野鳥學會
（200）基隆市仁愛區仁二路86號4樓
TEL：02-24274100　　FAX：02-24221704

臺北市野鳥學會
（106）臺北市復興南路二段160巷3號1樓
TEL：02-23259190　　FAX：02-27554209

桃園縣野鳥學會
（330）桃園市上海路19巷17號1樓
TEL：03-3780723　　FAX：03-3781065

新竹市野鳥學會
（300）新竹市光復路2段246號4樓之一
TEL：03-5728675　　FAX：03-5728676

苗栗縣野鳥學會
（361）苗栗縣造橋鄉造橋村11鄰11號
TEL：037-540155　　FAX：037-540155

台灣省野鳥學會
（402）臺中市建成路1727號2樓
TEL：04-2856961　　FAX：04-2859293

南投縣野鳥學會
（545）南投縣埔里郵政101號信箱
TEL：049-903450　　FAX：049-903450

彰化縣野鳥學會
（500）彰化市南郭路一段63-4號3樓B
TEL：04-7283006　　FAX：04-7288972

嘉義市野鳥學會
（600）嘉義市民生南路437巷16號
TEL：05-2354704　　FAX：05-2354704

臺南市野鳥學會
（703）臺南市臨安路一段249號2樓
TEL：06-2505968　　FAX：06-2503614

高雄市野鳥學會
（807）高雄市建國一路411號2樓
TEL：07-2256954　　FAX：07-2221073

屏東縣野鳥學會
（900）屏東市大連路62-15號
TEL：08-7377545　　FAX：08-7377545

澎湖縣野鳥學會
（880）澎湖縣馬公市西衛里207-3號
TEL：06-9277563　　FAX：06-9265600

臺東縣野鳥學會
（950）臺東市正氣路192號
TEL：089-322678　　FAX：089-318231

花蓮縣野鳥學會
（970）花蓮縣開發新村2號
TEL：03-8237313　　FAX：03-8237313

宜蘭縣野鳥學會
（265）宜蘭縣羅東鎮四維路166號3樓
TEL：03-9567663　　FAX：03-9567351

金門縣野鳥學會
（892）金門縣金寧鄉湖下村163-1號
TEL：082-325036　　FAX：082-352414

各地猛禽急救站

陽明山國家公園
臺北市陽明山竹子湖路
TEL：02-8613043

鳳凰谷鳥園
南投縣鹿谷鄉仁義路1-9號
TEL：049-753100-3

行政院特有生物保育中心
南投縣集集鎮民生東路一號
TEL：049-761274

國立屏東科技大學
屏東縣內埔鄉老埤村學府路1號
TEL：08-7703202～3

索引

索引

台灣賞鷹圖鑑

參考文獻

中文書籍部份：

- 顏重威　　1984　台灣的野生鳥類一、留鳥　　渡假出版社
- 陳兼善　　1991　台灣脊椎動物誌下冊(第二次增訂)　　台灣商務印書館
- 王嘉雄等　1991　台灣野鳥圖鑑　　亞舍圖書公司
- 安文山等　1993　龐泉溝猛禽研究　　中國林業出版社
- 周　鎮　　1995　台灣鳥圖鑑第一卷　　省立鳳凰谷鳥園
- 趙正階　　1995　中國鳥類手冊上卷 非燕雀目　吉林科學技術出版社
- 周　鎮　　1996　台灣鳥圖鑑第二卷　　省立鳳凰谷鳥園
- 高　瑋　　1996　鳥類分類學　　中臺科學技術出版社
- 顏重威等　1996　中國野鳥圖鑑　　翠鳥文化事業公司
- 蕭慶亮　　1996　台灣日形性猛禽　　鳳凰谷鳥園
- 周大慶等　1998　魚鷹之戀　　晨星出版社
- 周大慶等　1999　台灣賞鳥地圖　　晨星出版社

中文報告：

- 姚正得　　1990　陽明山國家公園鳳頭蒼鷹的繁殖習性初探
　　　　　　　　　中華民國野鳥學會1990年刊
- 林文宏　　1991　台灣地區猛禽調查(一)
　　　　　　　　　行政院農業委員會80年度生態研究報告第33號
- 蕭慶亮　　1991　八卦山、大肚山春季灰面鵟過境調查態研究報告第33號
　　　　　　　　　行政院農業委員會80年度生態研究報告第11號
- 林文宏　　1992　1992年春季觀音山猛禽調查　　中華民國野鳥學會
- 劉小如等　1995　台灣猛禽研討會論文摘要集　　台灣猛禽研究會
- 姜博仁等　1996　新竹地區遷移性猛禽過境探勘調查
　　　　　　　　　中華民國野鳥學會1995年刊
- 沈振中　　1996　1994-1995年北部地區鵟(Buteo buteo)5
　　　　　　　　　之繁殖習性初步調查　　中華民國野鳥學會1995年刊
- 蕭慶亮　　1996　1995年八卦山春季灰面鵟鷹過境調查　　彰化野鳥學會
- 蔡乙榮　　1996　墾丁地區遷移性猛禽調查資料研究
　　　　　　　　　中華民國野鳥學會1996年刊
- 蕭慶亮　　1997　1996年八卦山春季灰面鵟鷹過境調查　　彰化野鳥學會
- 關永才　　1998　1997年八卦山春季灰面鵟鷹過境調查　　彰化野鳥學會
- 蕭慶亮　　1998　1998年八卦山春季灰面鵟鷹過境調查　　彰化野鳥學會
- 黃光瀛　　1998　陽明山國家公園猛禽生活史及生態研究　　陽明山國家公園
- 黃光瀛　　1999　1999年八卦山春季灰面鵟鷹過境調查　　彰化野鳥學會
- 沈振中等　1999　中華飛羽1999年5月期刊　　中華民國野鳥學會
- 王誠之等　1997　帝雉季刊第六期（猛禽專輯）　　中華民國野鳥學會
- 姚正得等　1999　帝雉合刊第七期（猛禽專輯）　　中華民國野鳥學會

參考文獻

日文書籍：

· 森岡照明等　1995　日本的鷲鷹類（日文）　　文一總和出版社

英文書籍：

· NEWTON,I 1979 Population Ecology of Raptors. BUTEO BOOKS.
· PORTER,R.F.,WILLIS,I.,CHRISTENSEN,S. & NIELSEN,B.P. 1981 Flitght
Identification of EUROPEAN RAPTORS. T & AD POYSER.
· KING,B.,WOODCOCK,M. & DICKINSON,E.C. 1987 Bird of South-East
Asia.COLLINS.
· HOWARD,R. & MOORE,A. 1991 A Complete　Checklist OF THE BIRDS OF
THE
WORLD. ACADEMIC PRESS.
· POOLE,A.F. 1989 Ospreys.CAMBRIDGE.
· VILLAGE,A. 1990 The Kestrel.T & AD POYSER.
· RATCLIFFE,D 1993 The Peregrine Falcon. T & AD POYSER.
· HOLDAWAY,R.N. 1994 An Exploratory Phylogenetic Analysis of the
Genera of the Accipitridae,with Notes on the Biogeography of the
Family.RAPTOR CONSERVATION TODAY.WWGBP
· del Hoyo.J.,Elliott,A. & Sargatal,j. eds. 1994 Handbook of the
Birds of the World Vol.2. New World Vulture to Guineafowl.Lynx
Edition,Barcelona.

台灣賞鷹圖鑑

台灣地圖 11

台灣賞鷹圖鑑

著　者	蕭　慶　亮
文字編輯	林　美　蘭
內頁設計	燕　溥
封面設計	林　淑　靜

發行人	陳　銘　民
發行所	晨星出版有限公司
	台中市工業區30路1號
	TEL:(04)23595820　FAX:(04)23595493
	E-mail:morning@tcts.seed.net.tw
	http://www.morning-star.com.tw
	郵政劃撥：02319825
	行政院新聞局局版台業字第2500號
法律顧問	甘　龍　強　律師
製作	知文企業（股）公司　TEL:(04)23591803
初版	西元2001年10月30日

總經銷	知己有限公司
	〈台北公司〉台北市羅斯福路二段79號4F之9
	TEL:(02)23672044　FAX:(02)23635741
	〈台中公司〉台中市工業區30路1號
	TEL:(04)23595819　FAX:(04)23595493

定價380元

（缺頁或破損的書，請寄回更換）

ISBN.957-455-073-7

Published by Morning Star Publishing Inc.

Printed in Taiwan

國家圖書館出版品預行編目資料

台灣賞鷹圖鑑／蕭慶亮　撰文：蕭慶亮、周大慶等攝
　　影.－－初版.－－臺中市：晨星，2001〔民90〕
　　面；　公分.－－（台灣地圖；11）
參考書目：面
含索引
ISBN 957-455-073-7(平裝)
1.鷹－台灣　　　　2.賞鳥

388.892　　　　　　　　　　　　　90016106

407
台中市工業區30路1號

晨星出版有限公司

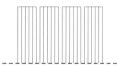

更方便的購書方式：

(1)**信用卡訂購**　填妥「信用卡訂購單」，傳眞或郵寄至本公司。

(2)**郵 政 劃 撥**　帳戶：晨星出版有限公司　　帳號：22326758
　　　　　　　　　在通信欄中塡明叢書編號、書名及數量即可。

(3)**通 信 訂 購**　填妥訂購人姓名、地址及購買明細資料，連同支
　　　　　　　　　票或匯票寄至本社。

◉購買2本以上9折優待，10本以上8折優待。

◉訂購3本以下如需掛號請另付掛號費30元。

◉服務專線：(04)23595819-231　FAX：(04)23597123

◉網　　　　址：http://www.morning-star.com.tw

◉E-mail:itmt@ms55.hinet.net

◆讀者回函卡◆

讀者資料：

姓名：＿＿＿＿＿＿＿＿＿　　　性別：□ 男　□ 女

生日：　／　　／　　　　　身分證字號：＿＿＿＿＿＿＿＿＿

地址：□□□＿＿＿＿＿＿＿＿＿＿＿＿＿＿＿＿＿＿＿

聯絡電話：　　　　　（公司）　　　　　　　（家中）

E-mail ＿＿＿＿＿＿＿＿＿＿＿＿＿＿＿＿＿＿＿＿＿＿

職業：□ 學生　　　□ 教師　　　□ 內勤職員　□ 家庭主婦
　　　□ SOHO族　□ 企業主管　□ 服務業　　□ 製造業
　　　□ 醫藥護理　□ 軍警　　　□ 資訊業　　□ 銷售業務
　　　□ 其他＿＿＿＿＿＿＿＿＿＿

購買書名： 台灣賞鷹圖鑑

您從哪裡得知本書： □ 書店　□ 報紙廣告　□ 雜誌廣告　□ 親友介紹

□ 海報　　□ 廣播　　□ 其他：＿＿＿＿＿＿＿＿＿＿＿＿

您對本書評價：（請填代號 1. 非常滿意　2. 滿意　3. 尚可　4. 再改進）

封面設計＿＿＿＿＿版面編排＿＿＿＿＿內容＿＿＿＿＿文／譯筆＿＿＿＿＿

您的閱讀嗜好：

□ 哲學　　　□ 心理學　□ 宗教　　□ 自然生態　□ 流行趨勢　□ 醫療保健
□ 財經企管　□ 史地　　□ 傳記　　□ 文學　　　□ 散文　　　□ 原住民
□ 小說　　　□ 親子叢書　□ 休閒旅遊　□ 其他＿＿＿＿＿＿＿＿＿

信用卡訂購單（要購書的讀者請填以下資料）

書　　　　名	數　量	金　額	書　　　　名	數　量	金　額

□VISA　　□JCB　　□萬事達卡　　□運通卡　　□聯合信用卡

• 卡號：＿＿＿＿＿＿＿＿＿　• 信用卡有效期限：＿＿＿＿年＿＿＿＿月

• 訂購總金額：＿＿＿＿＿＿元　• 身分證字號：＿＿＿＿＿＿＿＿＿

• 持卡人簽名：＿＿＿＿＿＿＿＿＿（與信用卡簽名同）

• 訂購日期：＿＿＿＿年＿＿＿＿月＿＿＿＿日

填妥本單請直接郵寄回本社或傳真(04)23597123